KUKA 工业机器人应用工程师系列

KUKA 工业机器人编程高级教程

林 祥 编 著

机械工业出版社

本书是为已经能够独立完成 KUKA 工业机器人基本操作的读者准备的进阶教程，详细介绍了 KUKA 工业机器人高级编程相关的知识与技能，KUKA 工业机器人高级编程作业的每一项具体操作方法，从而使读者对 KUKA 工业机器人编程应用有一个更高、更全面的认识。为便于读者学习，本书提供随书 PPT 课件，请联系 QQ296447532 获取。

　　本书适合从事 KUKA 工业机器人应用的编程人员、普通高校以及中高职院校相关专业教师，以及即将毕业的相关专业学生，特别是已经接触了 KUKA 工业机器人并对 KUKA 机器人有一定认识的工程技术人员和学生。

图书在版编目（CIP）数据

KUKA工业机器人编程高级教程/林祥编著. —北京：机械工业出版社，
2020.1（2024.7重印）

KUKA工业机器人应用工程师系列

ISBN 978-7-111-64231-2

Ⅰ．①K… Ⅱ．①林… Ⅲ．①工业机器人－程序设计－教材 Ⅳ．①TP242.2

中国版本图书馆CIP数据核字（2019）第268482号

机械工业出版社（北京市百万庄大街22号 邮政编码100037）

策划编辑：周国萍　　责任编辑：周国萍

责任校对：王　延　　封面设计：陈　沛

责任印制：邓　博

北京盛通数码印刷有限公司印刷

2024年7月第1版第6次印刷

184mm×260mm・13.25印张・306千字

标准书号：ISBN 978-7-111-64231-2

定价：59.00元

电话服务　　　　　　　　网络服务

客服电话：010-88361066　机 工 官 网：www.cmpbook.com

　　　　　010-88379833　机 工 官 博：weibo.com/cmp1952

　　　　　010-68326294　金 书 网：www.golden-book.com

封底无防伪标均为盗版　机工教育服务网：www.cmpedu.com

前　言

工业机器人是先进制造业的重要支撑装备，也是未来智能制造业的关键切入点，工业机器人作为机器人家族中的重要一员，是目前技术最成熟、应用最广泛的一类机器人。工业机器人的研发和产业化能力是衡量一个国家科技创新和高端制造发展水平的重要标志。发达国家已经把工业机器人产业发展作为抢占未来制造业市场、提升竞争力的重要途径。汽车、电子电器、工程机械等众多行业大量使用工业机器人自动化生产线，在保证产品质量的同时，改善了工作环境，提高了社会生产效率，有力地推动了企业和社会生产力的发展。当前，随着我国劳动力成本上升，人口红利逐渐消失，生产方式向柔性化方向、智能化方向、精细化方向转变，构建新型智能制造体系迫在眉睫，企业对工业机器人的需求呈增长态势。大力发展工业机器人产业，对于打造我国制造业新优势、推动工业转型升级、加快制造强国建设和改善人民生活水平具有深远意义。中国智能制造将机器人作为重点发展领域，推动机器人产业发展已经上升到国家战略层面。在全球范围内的制造产业战略转型期，我国工业机器人产业迎来了爆发性的发展机遇，然而现阶段我国工业机器人领域人才供需失衡，缺乏经系统培训的，能熟练、安全使用和维护工业机器人的专业人才。针对这一现状，为了更好地推广工业机器人技术，亟须编写一本系统、全面的工业机器人高级实用教材。

本书基于四大家族 KUKA 机器人，结合实际应用编程，遵循"由简入繁和循序渐进"的编写原则，从开机投入运行，到高级运动编程，再到高级程序控制编程，最后结合实际双工位码垛项目实例讲解，同时所有操作和编程均通过 KUKA 示教器仿真 Off iceLite 进行实操演示。本书可帮助有基础的读者在短时间内全面、系统地了解 KUKA 机器人高级设置和编程。

本书由智能手职业教育的林祥编著。本书既可作为普通高校及中高职院校机电一体化、电气自动化及工业机器人等相关专业的教学和实训教材，又可作为工业机器人培训机构培训教材。

由于编著者水平及时间有限，书中难免存在不足之处，敬请读者批评指正。

编著者

2020 年 1 月

目　　录

第 1 章

投入运行模式

➤ 检查机器人数据
➤ 投入运行模式
➤ 零点标定

1.1 检查机器人数据

1. 说明

应载入正确的机器人数据，且要将载入的机器人数据和铭牌上的机器人数据加以比较来进行检查。

如果要载入新的机器人数据，则机器人数据的状态必须与库卡系统软件（KSS）状态完全吻合。如果载入了错误的机器人数据，则不得运行工业机器人，否则会造成工作人员死亡、严重身体伤害或巨大的财产损失。机器人数据一般在机器人本体上有一个标签，数据存储路径见铭牌的 ...\MADA\ 一行，如图 1-1 左图所示。

2. 前提条件

1）运行方式为 T1 或 T2。

2）未选定程序。

3. 操作步骤

1）在主菜单中选择投入运行→机器人数据，机器人数据窗口即自动打开。

2）调整以下数据：

① 机器人数据窗口中机器参数栏里的说明。

② 在机器人基座的铭牌上 $Trafoname[]="# ..... " 行中的数据。

③ 参数位置在 KRC\R1\MADA\$MACHINE.DAT 的文件 $Trafoname[ ]="#KR210R2700 PRIME C4 FLR 3800"。如图 1-1 右图所示。

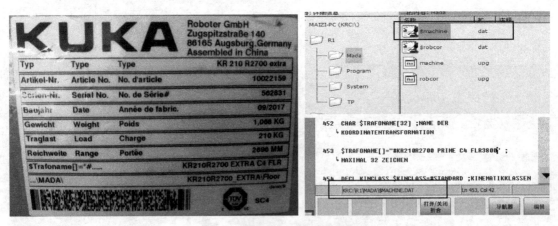

图 1-1　机器人铭牌和参数路径

1.2 投入运行模式

为了能让机器人在没有上级安全控制系统的情况下，在外围防护设施尚未装好或启用时的情况下运行，必须激活投入运行模式，这样机器人就能在 T1 运行方式下移动。

操作步骤：在主菜单中选择投入运行→售后服务→投入运行模式。菜单说明见表 1-1。

表1-1　菜单说明

菜　单	说　明
√ 投入运行模式	投入运行模式是激活的。单击该菜单项即关闭此模式
▌投入运行模式	投入运行模式未激活。单击该菜单项即激活此模式

1.3　零点标定

　　每个机器人都必须进行调整。机器人只有在调整之后才可进行笛卡儿运动并移至编程位置。在调整过程中，机器人的机械位置和电子位置会协调一致。因此必须将机器人置于一个已经定义的机械位置，即调整位置。然后每个轴的传感器值被储存下来。所有机器人的调整位置都相似，但不完全相同。精确位置在同一机器人型号的不同机器人之间也会有所不同。

1．必须对机器人进行零点标定的情况

1）在投入运行时。

2）在对参与定位值感测的部件（例如带分解器或RDC的电动机）采取维护措施之后。

3）当未用控制器移动了机器人轴（例如借助自由旋转装置）时。

4）进行了机械修理后（前提是必须先删除机器人的零点，然后才可标定零点）。

① 更换齿轮箱后。

② 以高于250mm/s的速度移至一个终端止档之后。

③ 在碰撞后。

2．机器人轴未经零点标定的后果

如果机器人轴未经零点标定，则会严重限制机器人的功能。

1）无法编程运行，不能沿编程设定的点运行。

2）无法在手动运行模式下手动平移，不能在坐标系中移动。

3）软件限位开关关闭。

3．执行零点标定

　　零点标定可通过确定轴的机械零点的方式进行。在此过程中轴将一直运动，直至达到机械零点为止。这种情况出现在探针到达测量槽最深点时。因此，每根轴都配有一个零点标定套筒和一个零点标定标记，如图1-2所示。

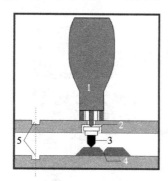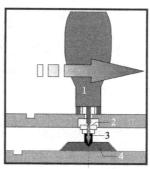

图1-2　零点标定原理

1—EMD（电子控制仪）　2—测量套筒　3—探针　4—测量槽　5—预零点标定标记

1.3.1 零点标定方法

采用何种零点标定方法，取决于机器人配备了哪种类型的测量筒。不同测量筒在防护盖的尺寸上有所区别，表1–2是测量筒的类型及零点标定方法。

表1–2 测量筒的类型及零点标定方法

测量筒的类型	零点标定方法
用于 SEMD（Standard Electronic Mastering Device，标准电子测量仪），防护盖配 M20 的细螺纹的测量筒	用 SEMD 型测头标定零点
	使用千分表调整
	基准零点标定（仅用于某些维护措施之后的零点标定）
用于 MEMD（Mikro Electronic Mastering Device，小型电子测量仪），防护盖配 M8 的细螺纹的测量筒	用 MEMD 型测头标定零点部分在 A6 处，在线条上进行零点标定

SEMD 和 / 或 MEMD 包含在库卡零点标定组件中，如图 1–3 所示。细电缆是测量电缆，它将 SEMD 或 MEMD 与零点标定盒相连接。粗电缆是 EtherCAT 电缆，它将零点标定盒与机器人上的 X32 连接起来。连接方式如图 1–4 所示。

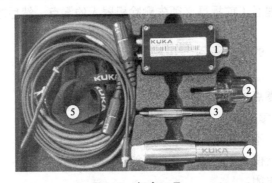

图 1–3　标定工具

①—零点标定盒　②—用于 MEMD 的旋具　③—MEMD　④—SEMD　⑤—电缆

图 1–4　测量工具和 X32 连接

注意事项：

1）应让测量电缆插在零点标定盒上，并且要尽可能少地拔下。传感器插头 M8 的可插拔性是有限的，经常插拔可能会损坏插头。

2）对于测量导线没有安装牢固的测头，始终应将设备不带测量导线拧到测量筒上，然后才可将导线接到设备上，否则导线会被损坏。同样，在拆除设备时也始终先拆下设备的测量导线，然后才将设备从测量筒上拆下。

3）在零点标定之后，应将 EtherCAT 电缆从接口 X32 上取下，否则会出现干扰信号或导致损坏。

1.3.2　借助零点标定标记将轴移入预零点标定位置

在每次零点标定之前都必须将轴移至预零点标定位置。通常情况下，借助零点标定标记。移动各轴，使零点标定标记重叠，如图 1-5 所示。图 1-5 左图是轴不在预调位置，右图是轴在预调位置。

图 1-5　将轴运行到预调位置

零点标定标记位于机器人上的位置，如图 1-6 中①～⑥所示。不同型号的机器人位置会与图 1-6 稍有差异。

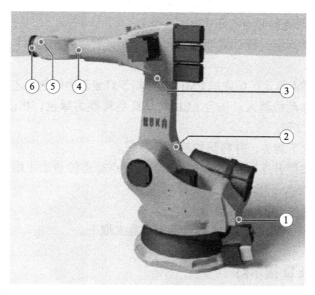

图 1-6　机器人上的零点标记位置

1. 前提条件

1）运行模式"运行键"已激活。

2）运行方式为 T1。

2. 操作步骤

1）选择轴坐标系。

2）按住确认开关，在移动键旁边将显示轴 A1～轴 A6。

3）按下正或负运动键，以使轴朝正方向或反方向运动。

4）从轴 A1 开始逐一移动各个轴，使零点标定标记相互重叠（在借助标记线对轴进行零点标定的轴 A6 除外）。

1.3.3 借助测头将轴移入预零点标定位置

在有些情况下，例如由于标记因脏污而无法识别时，可以借助测头对齐轴，而不使用零点标定标记。smartHMI 上的一个 LED 指示灯显示何时达到预零点标定位置。

1. 前提条件

1）运行模式"运行键"已激活。

2）运行方式为 T1。

3）没有选定任何程序。

4）用户大致了解轴的预零点标定位置。

2. 操作步骤

1）将机器人手动移动到轴与其预零点标定位置有一小段距离的某一位置上，然后沿负向运行到预零点标定位置上。

2）在主菜单中选择投入运行→调整→EMD→带负载校正。在这里需要选择首次调整、偏量学习、负载校正三种方式中的一种，其中负载校正又分为带偏量和无偏量。具体选择哪种方式，要看最终采用哪种零点校正方式。

3）按照各个零点标定过程的说明继续操作，直到测头装在轴 A1 上并且通过零点标定盒与 X32 相连接。

4）smartHMI 上零点标定区域内的 EMD LED 指示灯显示为红色。注意观察 LED 指示灯。

5）沿负向手动移动机器人。一旦 LED 灯从红色转换为绿色，机器人即刻停止。轴 A1 现在位于预零点标定位置。

6）从测量筒上取下测头，并将防护盖重新装好。

7）将剩余的轴按照升序以相同的方式移到预零点标点位置上（借助标记线对轴零点标定的轴 A6 除外。）

8）关闭含零点标定 LED 灯的窗口。

9）将 EtherCAT 电缆从接口 X32 和零点标定盒上取下。

1.3.4 零点标定 LED 指示灯

在大多数零点标定过程中，smartHMI 显示一个含有轴的列表。两个 LED 指示灯位于列表右侧，如图 1-7 所示。两个 LED 指示灯说明见表 1-3。

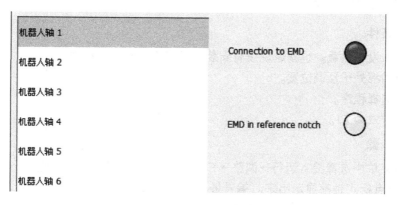

图 1-7 零点标定 LED 指示灯

表 1-3 两个 LED 指示灯说明

LED 指示灯	说 明
Connection to EMD（与 EMD 连接）	红色：测头没有与接口 X32 相连 绿色：测头与接口 X32 相连接。在零点标定区域内的 EMD LED 显示为灰色
EMD in reference notch（在零点标定区域内的 EMD）	灰色：测头没有与接口 X32 相连接 红色：测头位于无法进行零点标定的位置上 绿色：测头直接位于用于零点标定的槽口旁或在凹口中

可使用在零点标定区域内的 EMD 的 LED 指示灯，以借助测头将轴移到预零点标定位置上。沿负向手动移动时，LED 指示灯从红色转换为绿色时即达到了预零点标定位置。

1.3.5 使用 SEMD 进行零点标定

在使用 SEMD 零点标定时，机器人控制系统自动将机器人移动至零点标定位置。先不带负载进行零点标定，然后带负载进行零点标定。可以保存不同负载的多次零点标定。零点标定的步骤见表 1-4。

表 1-4 零点标定的步骤

步　骤	说　明
1	首次调整。进行首次零点标定时不加负载
2	偏量学习。"偏量学习"即带负载进行。保存与首次零点标定之间的差值
3	必要时检查有偏差的负载零点标定。"检查有偏差的负载零点标定"以已针对其进行了偏差学习的负载来执行。 应用范围为： 　　1）首次零点标定的检查 　　2）如果首次调整丢失（如在更换电动机或碰撞后），则还原首次调整。由于学习过的偏差在零点标定丢失后仍然存在，所以机器人可以计算出首次零点标定

1.3.5.1 进行首次零点标定

1. 前提条件

1）机器人没有负载。也就是说没有安装工具或工件和附加负载。

2）所有轴都处于预调位置。

3）没有选择程序。

4）运行方式为 T1。

2. 操作步骤

1）在主菜单中选择投入运行→调整→ EMD →带负载校正→首次调整，一个窗口自动打开，所有待零点标定轴都显示出来。编号最小的轴已被选定，如图 1-8 所示。

2）取下接口 X32 上的盖子，如图 1-9 所示。

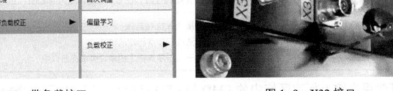

图 1-8　带负载校正　　　　　　　　　　　图 1-9　X32 接口

3）将 EtherCAT 电缆连接到 X32 和零点标定盒上，如图 1-10 所示。

4）从窗口中选定的轴上取下测量筒的防护盖（SEMD 翻转过来可用作旋具），如图 1-11 所示。

图 1-10　连接　　　　　　　　　　　图 1-11　取下测量筒的防护盖

5）将 SEMD 拧到测量筒上，如图 1-12 所示。

6）将测量导线接到 SEMD 上。可以在电缆插座上看出导线应如何绕到 SEMD 的插脚上，如图 1-13 所示。

图 1-12　将 SEMD 拧到测量筒上

图 1-13　将测量导线接到 SEMD 上

7）如果未进行连接，则将测量电缆连接到零点标定盒上。

8）单击"校正"。

9）按下确认开关和启动键。如果 SEMD 已经通过了测量切口，则零点标定位置将被计算。机器人自动停止运行，数值被保存，该轴在窗口中消失。

10）将测量导线从 SEMD 上取下，然后从测量筒上取下 SEMD，并将防护盖重新装好。

11）对所有待零点标定的轴重复步骤 4）～ 10）。

12）关闭窗口。

13）将 EtherCAT 电缆从接口 X32 和零点标定盒上取下。

注意：应始终将 SEMD 不带测量导线拧到测量筒上，然后才可将导线接到 SEMD 上，否则导线会被损坏。同样在拆除 SEMD 时也必须先拆下 SEMD 的测量导线，然后才将 SEMD 从测量筒上拆下。在零点标定之后，将 EtherCAT 电缆从接口 X32 上取下，否则会出现干扰信号或导致损坏。

1.3.5.2　偏量学习

偏量学习即带负载进行。与首次零点标定的差值被储存。如果机器人带各种不同负载工作，则必须对每个负载都执行偏量学习。对于抓取沉重部件的夹持器来说，则必须对夹持器分别在不带部件和带部件时执行偏量学习。

1. 前提条件

1）与首次调整时同样的环境条件（如温度等）。

2）负载已装在机器人上。

3）所有轴都处于预调位置。

4）没有选择任何程序。

5）运行方式为 T1。

2. 操作步骤

1）在主菜单中选择投入运行→调整→ EMD →带负载校正→偏量学习。

2）输入工具编号，单击"OK"确认，一个窗口自动打开。所有未学习工具的轴都显示出来。编号最小的轴已被选定。

3）取下接口 X32 上的盖子，将 EtherCAT 电缆连接到 X32 和零点标定盒上。

4）从窗口中选定的轴上取下测量筒的防护盖（SEMD 翻转过来可用作旋具）。

5）将 SEMD 拧到测量筒上。

6）将测量导线接到 SEMD 上（在电缆插座上可看出其与 SEMD 插针的对应情况）。

7）如果未进行连接，则将测量电缆连接到零点标定盒上。

8）单击"学习"。

9）按下确认开关和启动键。如果 SEMD 已经通过了测量切口，则零点标定位置将被计算。机器人自动停止运行，一个窗口自动打开。该轴上与首次零点标定的偏差以增量和度的形式显示出来。

10）单击"OK"确认，该轴在窗口中消失。

11）将测量导线从 SEMD 上取下，然后从测量筒上取下 SEMD，并将防护盖重新装好。

12）对所有待零点标定的轴重复步骤 4）～ 11）。

13）关闭窗口。

14）将 EtherCAT 电缆从接口 X32 和零点标定盒上取下。

注意：应始终将 SEMD 不带测量导线拧到测量筒上，然后才可将导线接到 SEMD 上，否则导线会被损坏。同样在拆除 SEMD 时也必须先拆下 SEMD 的测量导线，然后才将 SEMD 从测量筒上拆下。在零点标定之后，将 EtherCAT 电缆从接口 X32 上取下，否则会出现干扰信号或导致损坏。

1.3.5.3　检查带偏量的负载零点标定

1．应用范围

1）首次调整的检查。

2）如果首次调整丢失（如在更换电动机或碰撞后），则还原首次调整。由于学习过的偏差在调整丢失后仍然存在，所以机器人可以计算出首次调整。对某个轴进行检查之前，必须完成对所有较低编号的轴的调整。

2．前提条件

1）与首次零点标定时同样的环境条件（如温度等）。

2）在机器人上装有一个负载，并且此负载已进行过偏量学习。

3）所有轴都处于预零点标定位置。

4）没有选定任何程序。

5）运行方式为 T1。

3．操作步骤

1）在主菜单中选择投入运行→调整→ EMD →带负载校正→负载校正→带偏量。

2）输入工具编号，单击"OK"确认，一个窗口自动打开。所有已用此工具对其进行了偏差学习的轴都显示出来。编号最小的轴已被选定。

3）取下接口 X32 上的盖子，将 EtherCAT 电缆连接到 X32 和零点标定盒上。

4）从窗口中选定的轴上取下测量筒的防护盖（SEMD 翻转过来可用作旋具）。

5）将 SEMD 拧到测量筒上。

6）将测量导线接到 SEMD 上（在电缆插座上可看出导线应如何绕到 SEMD 的插脚上）。

7）如果未进行连接，则将测量电缆连接到零点标定盒上。

8）单击"检验"。

9）按住确认开关并按下启动键。如果 SEMD 已经通过了测量切口，则零点标定位置将被计算。机器人自动停止运行，与"偏差学习"的差异被显示出来。

10）需要时，使用备份来储存这些数值。旧的零点标定值会被删除。如果要恢复丢失的首次零点标定，必须保存这些数值。

注意：轴 A4、A5 和 A6 以机械方式相连。当轴 A4 数值被删除时，轴 A5 和 A6 的数值也被删除。当轴 A5 数值被删除时，A6 的数值也被删除。

11）将测量导线从 SEMD 上取下，然后从测量筒上取下 SEMD，并将防护盖重新装好。

12）对所有待零点标定的轴重复步骤 4）～ 11）。

13）关闭窗口。

14）将 EtherCAT 电缆从接口 X32 和零点标定盒上取下。

1.3.5.4　使用千分表进行调整

采用千分表（图 1-14）调整时由用户手动将机器人移动至调整位置。必须带负载调整。此方法无法将不同负载的多种调整都储存下来。

图 1-14　千分表

1. 前提条件

1）负载已装在机器人上。

2）所有轴都处于预调位置。

3）移动方式"移动键"激活，并且轴被选择为坐标系统。

4）没有选定任何程序。

5）运行方式为 T1。

2. 操作步骤

1）在主菜单中选择投入运行→调整→千分表，一个窗口自动打开。所有未经调整的轴均会显示出来。必须首先调整的轴被标记出来。

2）从轴上取下测量筒的防护盖，将千分表装到测量筒上。用内六角扳手松开千分表颈部的螺栓。转动表盘，直至能清晰读数。将千分表的螺栓按入千分表止档处，用内六角扳手重新拧紧千分表颈部的螺栓。

3）将手动倍率降低到 1%。

4）将轴由"+"向"−"运行，在测量切口的最低位置即可以看到指针反转处，将千分表置为零位。如果无意间超过了最低位置，则将轴来回运行，直至达到最低位置。至于是由"+"向"−"或由"−"向"+"运行，则无关紧要。

5）重新将轴移回预调位置。

6）将轴由"+"向"−"运动，直至指针处于零位前约 5～10 个分度。

7）切换到增量式手动运行模式。

8）将轴由"+"向"−"运行，直至到达零位。如果超过零位，重复步骤 5）～8）。

9）单击"零点标定"，已调整过的轴从选项窗口中消失。

10）从测量筒上取下千分表，将防护盖重新装好。

11）由增量式手动运行模式重新切换到普通正常运行模式。

12）对所有待零点标定的轴重复步骤 2）～11）。

13）关闭窗口。

1.3.6　调整附加轴（外部轴）

1. 说明

1）KUKA 附加轴不仅可以通过测头进行调整，还可以用千分表进行调整。

2）非 KUKA 出品的附加轴只能使用千分表调整。如果希望使用测头进行调整，则必须为其配备相应的测量筒。

2. 操作步骤

1）在主菜单中选择投入运行→调整→去调节，如图 1−15 所示。

2）附加轴的调整过程与机器人轴的调整过程相同。轴选择列表上除了显示机器人轴外，还显示所设计的附加轴。

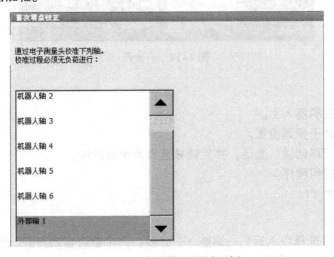

图 1−15　待调整轴的选择列表

提示：带 2 个以上附加轴的机器人系统调整时如果系统中有 8 个轴以上，则在必要时要将测头的测量导线连接到第二个 RDC（Resolver Digital Converter，旋转变压器数字转换器）上。

1.3.7　参照调整

参照调整适用于在对正确调整的机器人进行维护并由此导致调整值丢失时进行。此处说明的操作步骤不允许在机器人投入运行时进行。

示例：更换 RDC 或更换电动机。

在进行维护之前要将机器人移动至位置 $MAMES，然后机器人通过参照调整重新被赋予系统变量的轴值。这样机器人便重新回到调整值丢失之前的状态，已学习的偏差会保存下来。不需要使用 EMD 或千分表。

在参照调整时，机器人上是否装有负载无关紧要。参照调整也可用于附加轴。

1）准备：在进行维护之前，要将机器人移动至位置 $MAMES，为此给 PTP $MAMES 点编程，并移至此点。此操作仅可由专家用户组进行。

2）注意：机器人不得移动至默认起始位置来代替 $MAMES 位置。$MAMES 位置并非总是与默认起始位置一致。只有当机器人处于位置 $MAMES 时才可通过基准零点标定正确地进行零点标定。如果机器人没有处于 $MAMES 位置，则在进行基准零点标定时可能造成工作人员受伤和财产损失。

3）前提条件：

① 没有选定任何程序。

② 运行方式为 T1。

③ 在维护操作过程中机器人的位置没有更改。

④ 如果更换了 RDC，则机器人数据已从硬盘传输到 RDC 上（此操作仅可由专家用户组进行）。

4）操作步骤：

① 在主菜单中选择投入运行→调整→参考，选项窗口基准零点标定自动打开，所有未经零点标定的轴均会显示出来。必须首先进行零点标定的轴被选出。

② 单击"零点标定"，选中的轴被进行零点标定并从选项窗口中消失。

③ 对所有待零点标定的轴重复步骤 2）。

1.3.8　用 MEMD 和标记线进行零点标定

在使用 MEMD 进行零点标定时，机器人控制系统自动将机器人移动至零点标定位置。先不带负载进行零点标定，然后带负载进行零点标定。这样可以保存不同负载的多次零点标定。以下是两种不同的情况：

1）如果机器人的轴 A6 上没有常规的零点标定标记，而采用标记线，则在没有 MEMD 的情况下对轴 A6 进行零点标定。

2）如果机器人的轴 A6 上有零点标定标记，则像其他轴一样方法对轴 A6 进行零点标定。

标定步骤见表1-5。

表 1-5　标定步骤

步　　骤	说　　明
1	首次调整。用 MEMD 进行首次零点标定。进行首次零点标定时不加负载
2	偏量学习。用 MEMD 进行偏量学习。偏量学习即带负载进行。保存与首次零点标定之间的差值
3	必要时检查有偏差的负载零点标定 用 MEMD 检查带偏量的负载零点标定。"检查有偏差的负载零点标定"以已针对其进行了偏差学习的负载来执行
	应用范围为： 1）首次零点标定的检查 2）如果首次调整丢失（如在更换电动机或碰撞后），则还原首次调整。由于学习过的偏差在零点标定丢失后仍然存在，所以机器人可以计算出首次零点标定

1.3.8.1　将轴 A6 移动到零点标定位置（用标记线）

如果机器人的轴 A6 上没有常规的零点标定标记，而采用标记线，则在没有 MEMD 的情况下对轴 A6 进行零点标定。在零点标定之前，必须将轴 A6 移至零点标定位置（指的是在总零点标定过程之前，而不是直接在轴 A6 自身的零点标定前）。为此轴 A6 的金属上刻有很精细的线条。

为了将轴 A6 移至零点标定位置，这些线条要精确地相互对齐。在驶向零点标定位置时，须从前方正对着朝固定的线条看，这一点尤其重要，如图 1-16 所示。如果从侧面朝固定的线条看，则可能无法精确地将运动的线条对齐。后果是不能正确地标定零点。

图 1-16　轴 A6 的零点标定位置——正面俯视图

1.3.8.2　进行首次零点标定（用 MEMD）

1. 前提条件

1）机器人无负载，即没有装载工具、工件或附加负载。

2）这些轴都处于预零点标定位置。如果轴 A6 有标记线，则属于例外，轴 A6 位于零点标定位置。

3）没有选定任何程序。

4）运行方式为 T1。

2. 操作步骤

1）在主菜单中选择投入运行→调整→ EMD →带负载校正→首次调整，一个窗口自动打开。所有待零点标定轴都显示出来。编号最小的轴已被选定。

2）取下接口 X32 上的盖子，如图 1-17 所示。

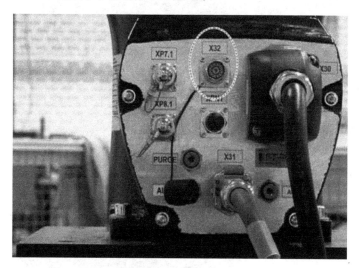

图 1-17　无盖子的 X32

3）将 EtherCAT 电缆连接到 X32 和零点标定盒上，如图 1-18 所示。

图 1-18　将导线接到 X32 上

4）从窗口中选定的轴上取下测量筒的防护盖，如图 1-19 所示。

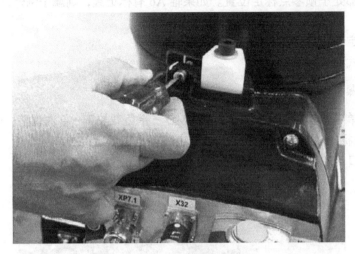

图 1-19　取下测量筒的防护盖

5）将 MEMD 拧到测量筒上，如图 1-20 所示。

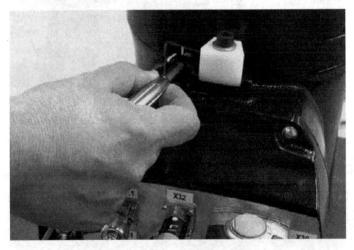

图 1-20　将 MEMD 拧到测量筒上

6）如果未进行连接，则将测量电缆连接到零点标定盒上。

7）单击"零点标定"。

8）按下确认开关和启动键。如果 MEMD 已经通过了测量切口，则零点标定位置将被计算。机器人自动停止运行，数值被保存，该轴在窗口中消失。

9）从测量筒上取下 MEMD，将防护盖重新盖好。

10）对所有待零点标定的轴重复步骤 4）～ 9）。例外：如轴 A6 有标记线，则不适用于轴 A6。

11）关闭窗口。

12）仅当轴 A6 有标记线时才执行：

① 在主菜单中选择投入运行→调整→参考，选项窗口基准零点标定自动打开。轴 A6 即被显示出来且被选中。

② 单击 "零点标定"，轴 A6 即被标定零点并从该选项窗口中消失。

③ 关闭窗口。

13）将 EtherCAT 电缆从接口 X32 和零点标定盒上取下。

1.3.8.3 偏量学习（用 MEMD）

偏量学习即带负载进行。与首次零点标定的差值被储存。如果机器人带各种不同负载工作，则必须对每个负载都执行偏量学习。对于抓取沉重部件的夹持器来说，则必须对夹持器分别在不带部件和带部件时执行偏量学习。

1. 前提条件

1）与首次零点标定时相同的环境条件（如温度等）。

2）负载已装在机器人上。

3）这些轴都处于预零点标定位置。如果轴 A6 有标记线，则属于例外，轴 A6 位于零点标定位置。

4）没有选定任何程序。

5）运行方式为 T1。

2. 操作步骤

1）在主菜单中选择投入运行→零点标定→ EMD →带负载校正→偏差学习。

2）输入工具编号，单击 "OK" 确认，一个窗口自动打开。所有未学习工具的轴都显示出来。编号最小的轴已被选定。

3）取下接口 X32 上的盖子。

4）将 EtherCAT 电缆连接到 X32 和零点标定盒上。

5）从窗口中选定的轴上取下测量筒的防护盖。

6）将 MEMD 拧到测量筒上。

7）如果未进行连接，则将测量电缆连接到零点标定盒上。

8）按下 "学习"。

9）按下确认开关和启动键。如果 MEMD 已经通过了测量切口，则零点标定位置将被计算。机器人自动停止运行，一个窗口自动打开，该轴上与首次零点标定的偏差以增量和度的形式显示出来。

10）单击 "确定"，该轴在窗口中消失。

11）从测量筒上取下 MEMD，将防护盖重新盖好。

12）对所有待零点标定的轴重复步骤 5）～ 11）。例外：如轴 A6 有标记线，则不适用于轴 A6。

13）关闭窗口。

14）仅当轴 A6 有标记线时才执行：

① 在主菜单中选择投入运行→调整→参考，选项窗口基准零点标定自动打开。轴 A6 即被显示出来，并且被选中。

② 单击"零点标定",轴 A6 即被标定零点并从该选项窗口中消失。

③ 关闭窗口。

15）将 EtherCAT 电缆从接口 X32 和零点标定盒上取下。

1.3.8.4 检查带偏量的负载零点标定（用 MEMD）

1. 应用范围

1）首次调整的检查。

2）如果首次调整丢失（如在更换电动机或碰撞后），则还原首次调整。由于学习过的偏差在调整丢失后仍然存在，所以机器人可以计算出首次调整。

3）对某个轴进行检查之前，必须完成对所有较低编号的轴的调整。

4）如果机器人上的轴 A6 有标记线，则对于此轴不显示测定的值。即无法检查轴 A6 的首次零点标定。但可以恢复丢失的首次零点标定。

2. 前提条件

1）与首次零点标定时相同的环境条件（如温度等）。

2）在机器人上装有一个负载，并且此负载已进行过偏量学习。

3）这些轴都处于预零点标定位置。

4）如果轴 A6 有标记线，则属于例外，轴 A6 位于零点标定位置。

5）没有选定任何程序。

6）运行方式为 T1。

3. 操作步骤

1）在主菜单中选择投入运行→调整→ EMD →带负载校正→负载零点标定→带偏量。

2）输入工具编号，单击"OK"确认，一个窗口自动打开。所有已用此工具学习过偏差的轴都将显示出来。编号最小的轴已被选定。

3）取下接口 X32 上的盖子。

4）将 EtherCAT 电缆连接到 X32 和零点标定盒上。

5）从窗口中选定的轴上取下测量筒的防护盖。

6）将 MEMD 拧到测量筒上。

7）如果未进行连接，则将测量电缆连接到零点标定盒上。

8）按下"检查"。

9）按住确认开关并按下启动键。如果 MEMD 已经通过了测量切口，则零点标定位置将被计算。机器人自动停止运行。与"偏量学习"的差异被显示出来。

10）需要时，使用备份来储存这些数值。旧的零点标定值会被删除。如果要恢复丢失的首次零点标定，必须保存这些数值。

注意： 轴 A4、A5 和 A6 以机械方式相连。当轴 A4 数值被删除时，轴 A5 和 A6 的数值也被删除。当轴 A5 数值被删除时，轴 A6 的数值也被删除。

11）从测量筒上取下 MEMD，将防护盖重新盖好。

12）对所有待零点标定的轴重复步骤 5）～ 11）。例外：如轴 A6 有标记线，则不适用于轴 A6。

13）关闭窗口。

14）只有当轴 A6 有标记线时才可执行：

① 在主菜单中选择投入运行→调整→参考，选项窗口基准零点标定自动打开。轴 A6 即被显示出来且被选中。

② 按下"零点标定"，以便恢复丢失的首次零点标定。轴 A6 从该选项窗口中消失。

③ 关闭窗口。

15）将 EtherCAT 缆从接口 X32 和零点标定盒上取下。

1.3.9 手动删除轴的零点

可将各个轴的零点标定值删除。删除轴的零点时轴不动。轴 A4、A5 和 A6 以机械方式相连。即：当轴 A4 数值被删除时，轴 A5 和 A6 的数值也被删除；当轴 A5 数值被删除时，轴 A6 的数值也被删除。

注意：对于已去调节的机器人，软件限位开关已关闭，机器人可能会驶向极限卡位的缓冲器，由此可能使其受损，导致必须更换。尽可能不运行已去调节的机器人，或尽量减少手动倍率。

1. 前提条件

1）没有选定任何程序。

2）运行方式为 T1。

2. 操作步骤

1）在主菜单中选择投入运行→调整→去调节，一个窗口打开，如图 1-21 所示。

2）标记需进行取消调节的轴。

3）按下"取消校正"，轴的调整数据被删除，如图 1-22 所示。

4）对于所有需要取消调整的轴重复步骤 2）和 3）。

5）关闭窗口。

图 1-21 去调节窗口

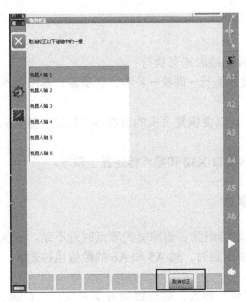

图 1-22　取消校正

1.3.10　更改软件限位开关

有两种更改软件限位开关的方法：

1）手动输入所需的数值。

2）限位开关自动与一个或多个程序适配。

在此过程中，机器人控制系统确定在程序中出现的最小轴和最大轴位置。得出的这些数值可以作为软件限位开关使用。

1. 前提条件

1）使用专家用户组。

2）运行方式为 T1、T2 或 AUT。

2. 操作步骤

（1）手动更改软件限位开关

1）在主菜单中选择投入运行→售后服务→软件限位开关，软件限位开关窗口自动打开，如图 1-23 所示。

2）在负和正两列中按需要更改限位开关。

3）用保存键保存更改。

（2）将软件限位开关与程序相适配

1）在主菜单中选择投入运行→售后服务→软件限位开关，软件限位开关窗口自动打开。

2）按下"自动计算"，显示提示信息：自动获取进行中。

3）启动限位开关与之相适配的程序。让程序完整运行一遍，然后取消选择。在软件限位开关窗口中即显示每个轴所达到的最大和最小位置。

4）为该软件限位开关相适配的所有程序重复步骤3）。在软件限位开关窗口中即显示每个轴所达到的最大位置和最小位置，而且以执行的所有程序为基准。

5）如果所有需要的程序都执行过了，则在软件限位开关窗口中按下"结束"。

6）按下"保存"，以便将确定的数值用作软件限位开关。

7）需要时还可以手动更改自动确定的数值。将确定的最小值增加5°，将确定的最大值减小5°。在程序运行期间，这一缓冲区可防止轴达到限位开关，以避免触发停止。

8）单击"保存"保存更改。

图 1-23　软件限位开关窗口 1

软件限位开关窗口如图 1-24 所示。其按键说明见表 1-6

轴	① 负	② 位置	③
A1 [°]	-185.00	0.00	185.00
A2 [°]	-140.00	0.00	140.00
A3 [°]	-120.00	0.00	155.00
A4 [°]	-350.00	0.00	350.00
A5 [°]	-122.50	0.00	122.50
A6 [°]	-350.00	0.00	350.00

图 1-24　软件限位开关窗口 2

①—当前的负向限位开关　②—轴的当前位置　③—当前的正向限位开关

表 1-6　按键说明

按　键	说　明
自动计算	启动自动确定。机器人控制系统将轴目前具有的最小位置及最大位置写入软件限位开关窗口中的最小和最大两列里
结束	结束自动确定，确定的最小/最大位置被传送到负和正两列中，但是它们还没有被保存
保存	将这些数值作为软件限位开关保存在负和正两列里

第 2 章

工具坐标和基坐标

- ➢ 工具坐标（TCP）
- ➢ 基坐标系测量
- ➢ 固定工具测量
- ➢ 负载数据

2.1 工具坐标（TCP）

进行工具测量时，用户给安装在连接法兰处的工具分配一套笛卡儿坐标系（工具坐标系），该工具坐标系以用户设定的一个点作为原点，此点称为 TCP（Tool Center Point，工具中心点）。通常，TCP 落在工具的工作点上。图 2-1 为 TCP 原理图。

工具测量的优点：

1）工具可以在作业方向上直线移动。

2）工具可环绕 TCP 旋转，无须更改 TCP 的位置。

3）在程序运行中，沿着 TCP 上的轨道保持已编程的运行速度。

4）默认最多可储存 16 个工具坐标系。变量为 TOOL_DATA[1，…，16]），如果要增加工具坐标系数量，可在 KRC:\R1\system\$config 文件中进行设定（详见随书 PPT 课件的说明）。下列数据被储存：

X、Y、Z：工具坐标系的原点，相对于法兰坐标系。

A、B、C：工具坐标系的取向，相对于法兰坐标系。

默认的工具坐标（位于法兰盘中心）如图 2-2 所示。

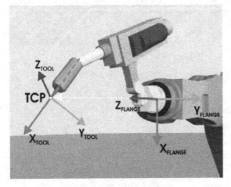

图 2-1 TCP 原理图

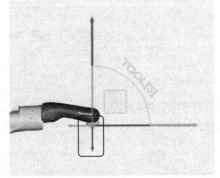

图 2-2 默认的工具坐标

实际工具坐标（焊枪）如图 2-3 所示。从图 2-4 可以看出实际工具坐标的数值。X、Y、Z 是相对于法兰盘中心的偏移值，A、B、C 是分别围绕 Z、Y、X 轴的旋转角度，也就是工具坐标的方向。

KRC_X	48.876107
KRC_Y	0.000000
KRC_Z	465.715913
KRC_A	0.000000
KRC_B	-68.000130
KRC_C	0.000000

图 2-3 焊枪 TCP 数据

工具坐标方向默认的 X 方向是垂直法兰盘向下，此例 X 方向是沿着焊枪喷嘴或导电嘴的直线段斜向下的，要使 X 的方向改变，旋转 Y 轴 –68.00°，也就是 B 的数值。因为坐标系有三个方向，所以只要围绕一个轴旋转就可以改变任意其他两个轴的方向。最后的焊枪工具方向如图 2-5 所示。

注意：接下来的几种测量方法中，XYZ 4 点法、XYZ 参照法是测量 X、Y、Z 数据的，也就是相对于 6 轴法兰盘中心的偏移值；ABC 世界坐标法和 ABC 2 点法是测量工具坐标的方向。

图 2-4　实际工具坐标的数值

图 2-5　最后的焊枪工具方向

2.1.1　XYZ 4 点法测量 TCP

将待测量工具的 TCP 从 4 个不同方向移向一个参照点。参照点可以任意选择。机器人控制系统从不同的法兰位置值中计算出 TCP（注意 XYZ 4 点法不能用于卸码垛机器人），如图 2-6 所示。

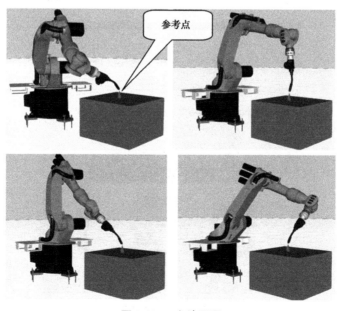

图 2-6　4 点法原理

1. 前提条件

1）连接法兰处已经安装了待测定的工具。

2）运行方式为T1。

2. 操作步骤

1）在主菜单中选择投入运行→测量→工具→XYZ 4点法。

2）为需测量的工具选择一个编号并给定一个工具号名称，单击"继续"，如图2-7所示。

3）操作机器人使TCP移动到参考点，单击"测量"，弹出窗口，单击"是"，记录方向1点，如图2-8所示。单击"继续"，进行方向2点的测量。

4）将TCP从另一个方向移至参考点，单击"测量"，单击"是"，记录方向2点，如图2-9所示。如果两个测量点的姿态太接近，会出现图2-10所示的报错，测量将无法继续，必须单击"返回"重新示教此点。也可以通过"运行至点"直接移动机器人到之前示教的方向点，检查位置点是否错误。

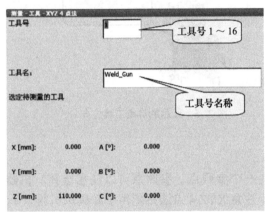

图2-7　工具号

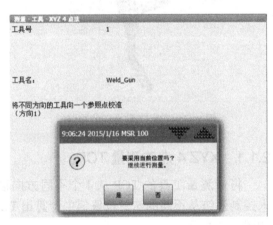

图2-8　测量方向1

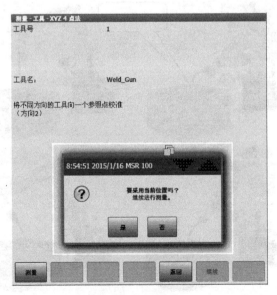

图2-9　测量方向2

图 2-10 中的表格：

	点1	点2
X [mm]:	2099.596	2099.596
Y [mm]:	0.000	0.000
Z [mm]:	314.999	314.999
A [°]:	0.000	14.147
B [°]:	-0.201	-0.195
C [°]:	0.000	-0.049

测量 - 工具 - XYZ 4 点法
测量的点与测量的另外一个点靠得太近。

当前距离 [mm]: 0.000

最小间距 [mm]: 8.000

图 2-10 点 1 和点 2 位置太近

5）重复两次第 4 步，记录方向 3 和方向 4 两点，如图 2-11 所示。如果示教的 4 个方向点的 TCP 位置相对于参考点误差较大，会出现图 2-12 所示的报错，测量将无法继续，必须返回重新示教之前误差较大的点。

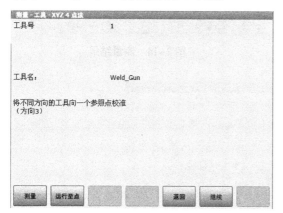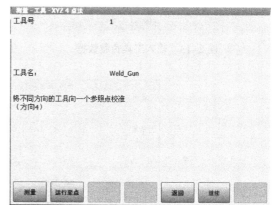

图 2-11 测量方向 3 点和 4 点

图 2-12 测量完 4 点后误差过大

6）输入负载数据（如果要单独输入负载数据，则可以跳过该步骤），如图 2-13 所示。

7）单击"继续"，得出工具 TCP 相对于法兰盘中心偏移的 X、Y、Z 数据，以及此次测量的误差，如图 2-14 所示。

8）在需要时，可以让测量点的坐标和姿态以增量和角度显示（以法兰坐标系为基准）。为此按下"测量点"，然后单击"返回"返回上一个窗口，如图 2-15 所示。

9）单击"保存"，然后通过关闭图标关闭窗口，如图 2-16 所示；或者单击"ABC 2 点法"或者"ABC 世界坐标系"。之前测量的数据被自动保存，并且一个可以在其中输入工具坐标系姿态的窗口自动打开。

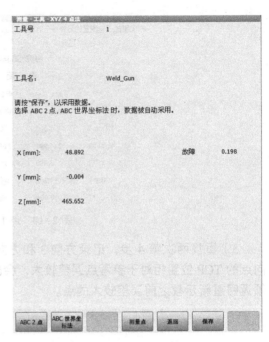

图 2-13 输入工具负载数据

图 2-14 测量结果

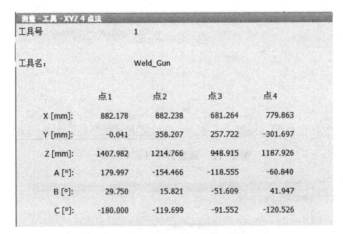

图 2-15 4 个方向的具体位置信息

图 2-16 保存

2.1.2 XYZ 参照法测量 TCP

采用 XYZ 参照法测量 TCP 时，将对一件新工具与一件已测量过的工具进行比较测量。机器人控制系统比较法兰位置，并对新工具的 TCP 进行计算，如图 2-17 所示。

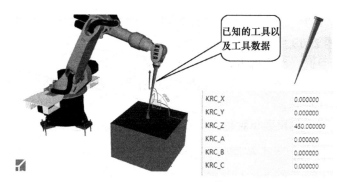

图 2-17　已知工具数据

1. 前提条件

1）在连接法兰上装有一个已测量过的工具。

2）运行方式为 T1。

2. 准备

计算已测量的工具的 TCP 数据：

1）在主菜单中选择投入运行→测量→工具→ XYZ 参照法。

2）选择已测量的工具编号。

3）显示工具数据，记录 X、Y 和 Z 值。

4）关闭窗口。

3. 操作步骤

1）在主菜单中选择投入运行→测量→工具→ XYZ 参照法。

2）为新工具选择一个编号并给定一个工具号名称，单击"继续"。

3）输入已经测量的工具的 TCP 数据，单击"继续"，如图 2-18 所示。

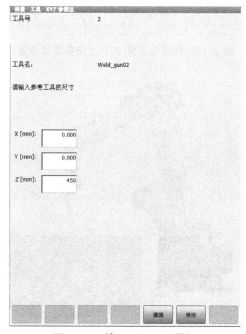

图 2-18　输入已知工具数据

4）用参考工具 TCP 驶至一个参考点，如图 2-17 所示。单击"测量"，单击"是"，确认安全询问，如图 2-19 所示。

5）将工具安全回退，然后拆下，安装上新工具。

6）将新工具的 TCP 移至参照点，如图 2-20 所示。单击"测量"，单击"是"，确认安全询问，如图 2-21 所示。

7）输入负载数据（如果要单独输入负载数据，则可以跳过该步骤）。

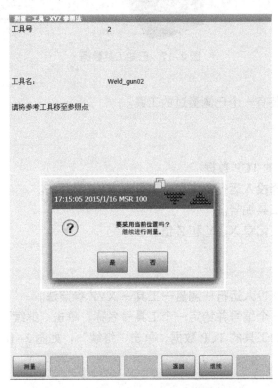

图 2-19 用已有工具 TCP 记录参考点位置

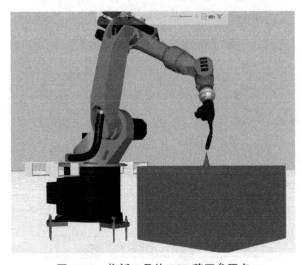

图 2-20 将新工具的 TCP 移至参照点

8）单击"继续"，如图 2-22 所示。和图 2-14 测量结果（XYZ 4 点法）对比，发现两者数据基本一致（同一个工具）。

9）在需要时，可以让测量点的坐标和姿态以增量和角度显示（以法兰坐标系为基准）。为此单击"测量点"，然后单击"返回"按钮返回上一个窗口。

10）单击"保存"，然后通过关闭图标关闭窗口。或者按下 ABC 2 点法或者 ABC 世界坐标系。迄今为止的数据被自动保存，并且一个可以在其中输入工具坐标系姿态的窗口自动打开。

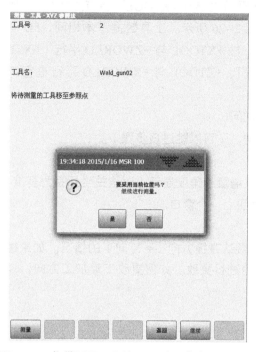

图 2-21　将带测量工具的 TCP 移至参考点并测量

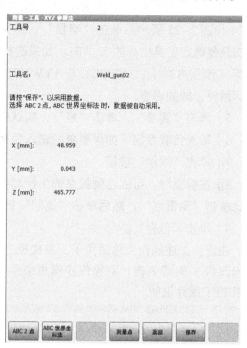

图 2-22　待测量工具数据

2.1.3　ABC 世界坐标法确定姿态

用户将工具坐标系的轴调整为与世界坐标系的轴平行，机器人控制器从而得知 TOOL 坐标系的取向。

ABC 世界坐标法确定姿态有两种方式：

1）5D：用户将工具的作业方向告知机器人控制系统。该作业方向被默认为 X 轴。其他轴的姿态将由系统确定，用户无法改变。系统总是为其他轴确定相同的姿态。如果之后必须对工具重新进行测定，比如在发生碰撞后，仅需要重新确定作业方向，而无须考虑作业方向的旋转角度。

2）6D：用户将所有 3 根轴的方向告知机器人控制系统。

1. 前提条件

1）要测量的工具已安装在连接法兰上。

2）工具的 TCP 已测量。

3）运行方式为 T1。

2. 操作步骤

1）在主菜单中选择投入运行→测量→工具→ ABC 世界坐标系。

2）选择要测量的工具编号，单击"继续"。

3）在 5D/6D 栏中选择一种规格，单击"继续"，如图 2-23 所示。

4）如果选择 5D，+XTOOL 与 –ZWORLD 平行对齐（+XTOOL = 加工方向），如图 2-24 和图 2-25 所示，单击"测量"，结果如图 2-26 所示。工具数据基本相同，5D 测量方法只是确定工具坐标的 X 方向。如果选择 6D，按 +XTOOL 与 –ZWORLD 平行（+X 工具坐标 = 作业方向）、+YTOOL 与 +YWORLD 平行、+ZTOOL 与 +XWORLD 平行进行工具坐标系统、轴的调整。

5）单击"测量"，单击"是"，确认安全询问。

6）输入负载数据（如果要单独输入负载数据，则可以跳过该步骤）。

7）单击"继续"按钮。

8）在需要时，可以让测量点的坐标和姿态以增量和角度显示（以法兰坐标系为基准）。为此单击"测量点"，然后单击"返回"按钮返回上一个窗口。

9）单击"保存"。

注意：上述操作步骤适用于工具碰撞方向为默认碰撞方向（= X 向）的情况。如果碰撞方向改为 Y 向或 Z 向，则操作步骤也必须相应地进行更改。如何更改工具加工方向，详见随书 PPT 课件说明。

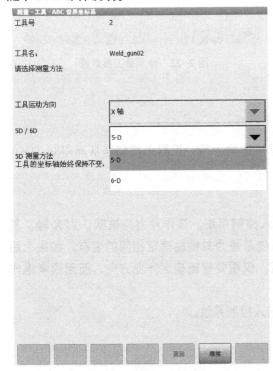

图 2-23 选择 5-D 方法

图 2-24 机器人示教位置

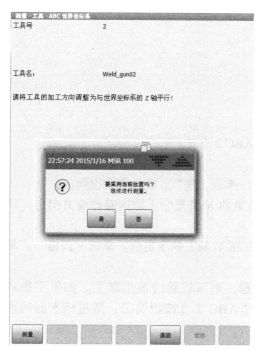

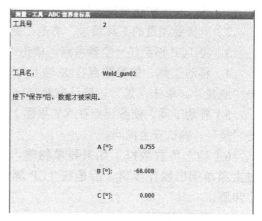

图 2-25 测量记录当前位置

图 2-26 工具姿态数据

2.1.4 ABC 2 点法确定姿态

通过移至 X 轴上一个点和 XY 平面上一个点的方法，机器人控制器可得知 TOOL 坐标系的轴数据。当轴方向必须特别精确地确定时，将使用此方法。原理如图 2-27 所示。

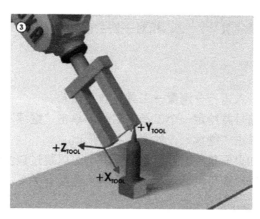

图 2-27 ABC 2 点法原理

1. 前提条件

1）要测量的工具已安装在连接法兰上。

2）工具的 TCP 已测量。

3）运行方式为 T1。

2. 操作步骤

1）在主菜单中选择投入运行→测量→工具→ ABC 2 点法。

2）选择要测量的工具编号，单击"继续"。

3）将 TCP 移至任一个参考点，单击"测量"，单击"是"，确认安全询问。

4）移动工具，使参照点在 X 轴上与一个为负值的 X 点重合（即向着作业方向）。单击"测量"，单击"是"，确认安全询问。

5）移动工具，使参照点在 XY 平面上与一个在正 Y 向上的点重合。单击"测量"，单击"是"，确认安全询问。

6）输入负载数据（如果要单独输入负载数据，则可以跳过该步骤）。如果不是通过主菜单调出操作步骤，而是在 TCP 测量后通过 ABC 2 点按钮调出，则省略下面的两个步骤。

7）单击"继续"。

8）在需要时，可以让测量点的坐标和姿态以增量和角度显示（以法兰坐标系为基准）。为此单击测量点，然后单击"返回"按钮返回上一个窗口。

9）单击"保存"。

注意： 上述操作步骤适用于工具碰撞方向为默认碰撞方向（=X 向）的情况。如果碰撞方向改为 Y 向或 Z 向，则操作步骤也必须相应地进行更改。如何更改工具加工方向，详见随书 PPT 课件说明。

2.1.5　数字输入法

说明工具数据可手动输入。可能的数据源有 CAD、外部测量的工具、工具制造商的数据。

1. 前提条件

1）相对于法兰坐标系的 X、Y、Z，相对于法兰坐标系的 A、B、C 的数值已知。

2）运行方式为 T1。

2. 操作步骤

1）在主菜单中选择投入运行→测量→工具→数字输入。

2）为工具选择一个编号并给定一个工具号名称，单击"继续"。

3）输入工具数据，单击"继续"，如图 2-28 所示。

4）输入负载数据（如果要单独输入负载数据，则可以跳过该步骤）。

5）如果在线负载数据检查可供使用（这与机器人类型有关），根据需要配置。

6）单击"继续"。

7）单击"保存"。

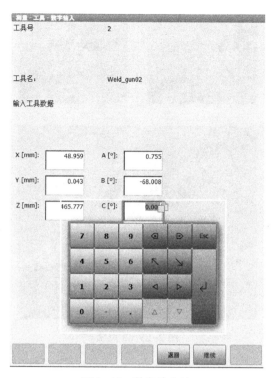

图 2-28　数字输入法

2.2　基坐标系测量

在基准测量时，用户配给工作面或工件一个笛卡儿坐标系（基坐标系）。基坐标系的原点为用户指定的一个点。

1. 基准测量的优点

1）可以沿着工作面或工件的边缘手动移动 TCP。

2）可以参照基坐标对点进行示教。如果必须推移基坐标，例如由于工作面被移动，这些点也随之移动，不必重新进行示教。

3）最多可储存 32 个基坐标系。参数：BASE_DATA[1，…，32]。如果要增加基坐标系数量可在 KRC:\R1\system\$config 文件中进行设定。详见随书 PPT 课件说明。

2. 两种测量基坐标的方法

1）3 点法。

2）间接法。

注意：卸码垛机器人有 4 根轴，必须在工具数据中以数字形式输入。XYZ 和 ABC 法均无法使用，因为此类机器人只可在有限范围内进行改向。如果工件已装在连接法兰上，就不得使用此处描述的测量方法。连接法兰的工件必须使用专用的测量方法。

2.2.1　3 点法测定基坐标系

移至新基坐标系的原点和其他 2 个点定义了新的基坐标系，如图 2-29 所示。

 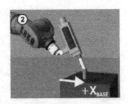

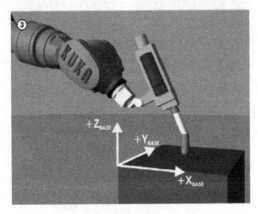

图 2-29　3 点法

1. 前提条件

1）在连接法兰上装有一个已测量过的工具。

2）运行方式为 T1。

2. 操作步骤

1）在主菜单中选择投入运行→测量→基坐标→ 3 点，如图 2-30 所示。

投入运行	测量	基坐标
投入运行助手	工具　▶	3 点
测量　▶	基坐标　▶	间接
调整　▶	固定工具　▶	数字输入
软件更新　▶	附加负载数据	更改名称
售后服务　▶	外部运动装置　▶	
机器人数据	测量点　▶	
网络配置	允差	
安装附加软件		
复制机器数据		

图 2-30　选择 3 点法

2）为待测定的基坐标系选择一个号码并给定一个名称，单击"继续"，如图 2-31 所示。

3）选择已经测量过的工具编号，单击"继续"，如图 2-32 所示。

4）用 TCP 驶至新基坐标系的原点，单击"测量"，单击"是"，确认安全询问，如图 2-33 所示。

5）将 TCP 移至新基坐标系正向 X 轴上的一个点，单击"测量"，单击"是"，确认安全询问，如图 2-34 所示。

用 TCP 在 XY 平面上接近带正 Y 值的一点，单击"测量"，单击"是"，确认安全询问，如图 2-35 所示。

6）在需要时，可以让测量点的坐标和姿态以增量和角度显示（以法兰坐标系为基准）。为此单击"测量点"，然后单击"返回"按钮返回上一个窗口，如图 2-36 所示。

7）单击"保存"，测量结果如图 2-37 所示。

图 2-31　基坐标系统号和基坐标系名称

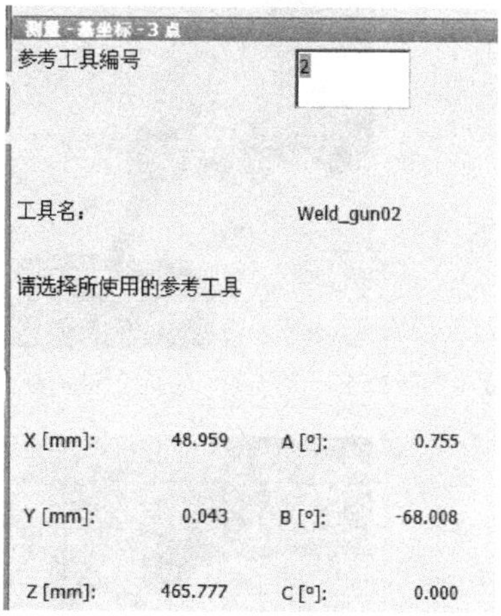

图 2-32　选择工具编号

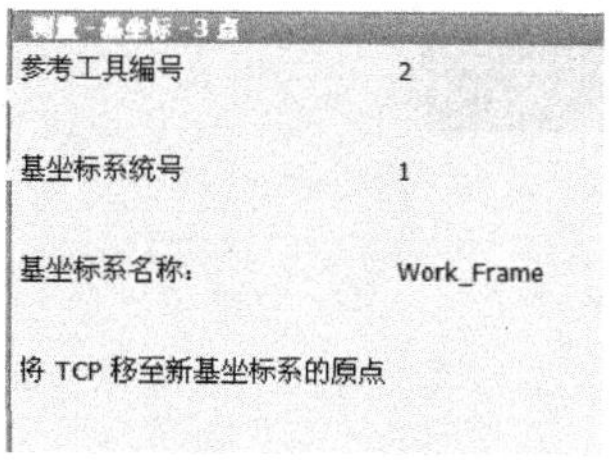

图 2-33　坐标原点 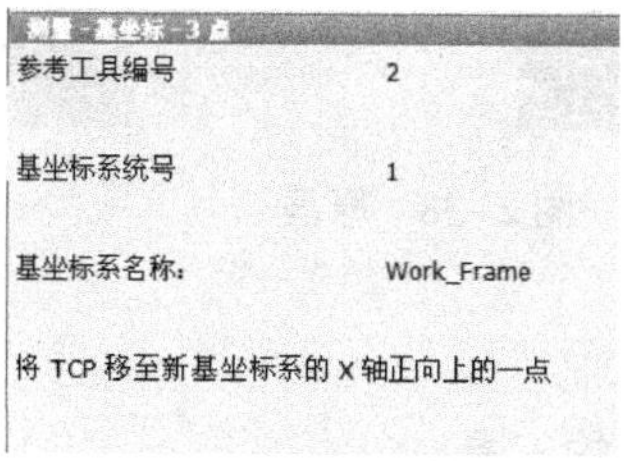　　　图 2-34　X 轴正方向的点 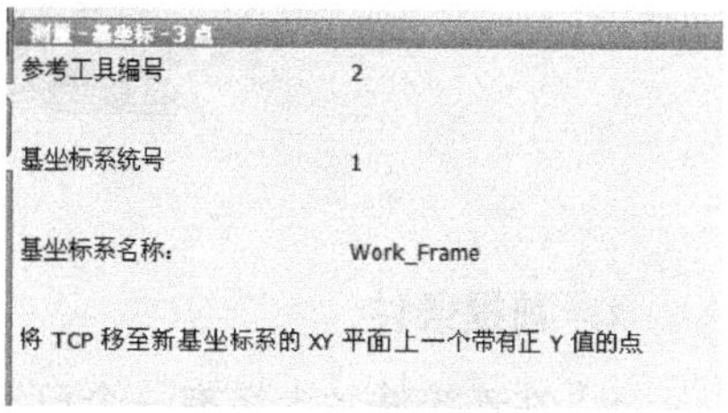　　　图 2-35　Y 轴方向的点

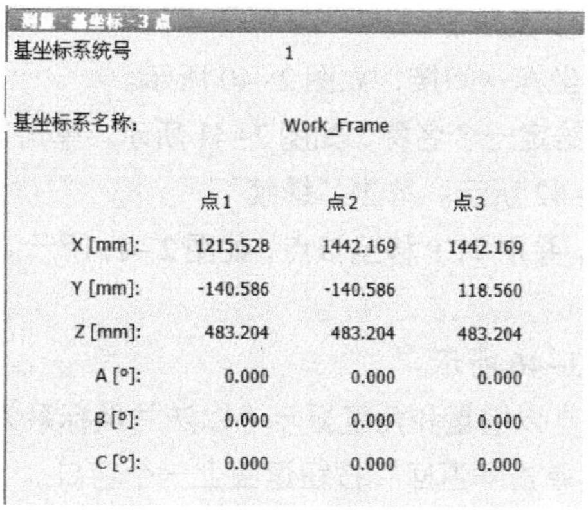

图 2-36　测量的 3 个点的位置数据

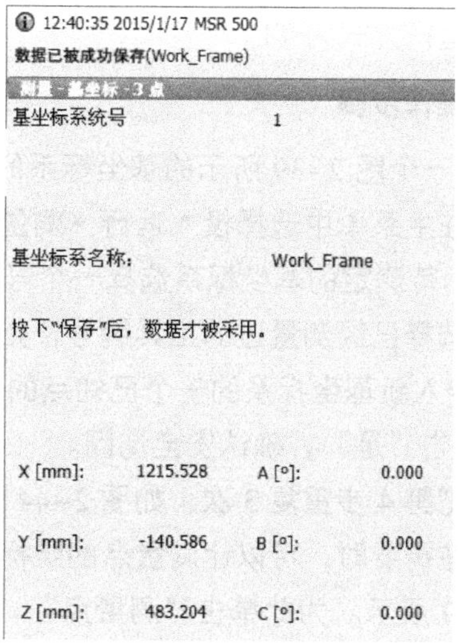

图 2-37　测量结果

2.2.2　间接法测定基坐标系

当无法移入基坐标原点时，例如由于该点位于工件内部或位于机器人作业空间之外时，须采用间接法。此时须移至基准的 4 个点，其坐标值必须已知。机器人控制系统将以这些点为基础对基准进行计算，如图 2-38 所示。

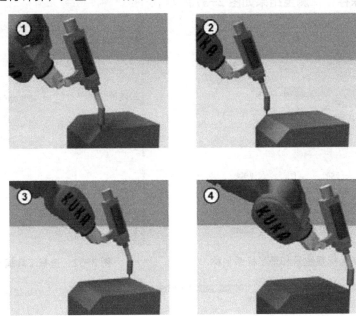

图 2-38　原理

1. 前提条件

1）在连接法兰上装有一个已测定的工具。

2）新基坐标系的 4 个点的坐标已知，例如从 CAD 中得知，TCP 可达到这 4 个点。

3）运行方式为 T1。

2. 操作步骤

定义一个图 2-39 所示的基坐标系的操作步骤如下：

1）在主菜单中选择投入运行→测量→基坐标→间接，如图 2-40 所示。

2）为待测定的基坐标系选择一个号码并给定一个名称，如图 2-41 所示。单击"继续"。

3）选择已经测量过的工具编号，如图 2-42 所示。单击"继续"。

4）输入新基坐标系的一个已知点的坐标，并用 TCP 移至该点，如图 2-43 所示。单击"测量"，单击"是"，确认安全询问。

5）把第 4 步重复 3 次，如图 2-44 ～图 2-46 所示。

6）在需要时，可以让测量点的坐标和姿态以增量和角度显示（以法兰坐标系为基准），如图 2-47 所示。为此单击"测量点"，然后单击"返回"按钮返回上一个窗口。

7）单击"保存"，测量结果如图 2-48 所示。

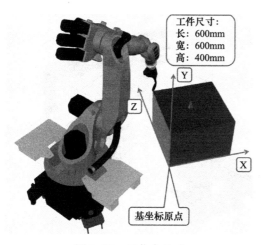

工件尺寸:
长: 600mm
宽: 600mm
高: 400mm

基坐标原点

图 2-39　工作台尺寸

投入运行	测量	基坐标
投入运行助手	工具　▶	3 点
测量　▶	基坐标　▶	间接
调整　▶	固定工具　▶	数字输入
软件更新　▶	附加负载数据	更改名称
售后服务　▶	外部运动装置　▶	
机器人数据	测量点　▶	
网络配置	允差	
安装附加软件		
复制机器数据		

图 2-40　选择间接法

测量 - 基坐标 - 间接

基坐标系统号　　　1

基坐标系名称:　　base_test

选定待测量的基坐标系统

X [mm]:	0.000	A [°]:	0.000
Y [mm]:	0.000	B [°]:	0.000
Z [mm]:	0.000	C [°]:	0.000

图 2-41　选择基坐标号和名称

测量 - 基坐标 - 间接

参考工具编号　　　1

工具名:

请选择所使用的参考工具

X [mm]:	48.629	A [°]:	0.000
Y [mm]:	-0.929	B [°]:	-68.000
Z [mm]:	465.816	C [°]:	0.000

图 2-42　选择工具号

测量 - 基坐标 - 间接

参考工具编号　　　　　1

基坐标系统号　　　　　1

基坐标系名称:　　　　base_test

在基坐标系中给出已知点的坐标并通过 TCP 驶近该点
(优势 0)

X [mm]:　　　0

Y [mm]:　　　0

Z [mm]:　　　400

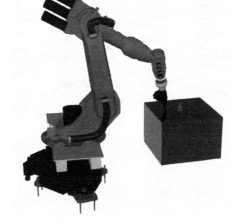

图 2-43　第一点

测量 - 基坐标 - 间接

参考工具编号	1
基坐标系统号	1
基坐标系名称:	base_test

在基坐标系中给出已知点的坐标并通过 TCP 驶近该点（优势 0）

X [mm]: 600
Y [mm]: 0
Z [mm]: 400

图 2-44　第二点

测量 - 基坐标 - 间接

参考工具编号	1
基坐标系统号	1
基坐标系名称:	base_test

在基坐标系中给出已知点的坐标并通过 TCP 驶近该点（优势 0）

X [mm]: 600
Y [mm]: 600
Z [mm]: 400

图 2-45　第三点

测量 - 基坐标 - 间接

参考工具编号	1
基坐标系统号	1
基坐标系名称:	base_test

在基坐标系中给出已知点的坐标并通过 TCP 驶近该点（优势 0）

X [mm]: 0
Y [mm]: 600
Z [mm]: 400

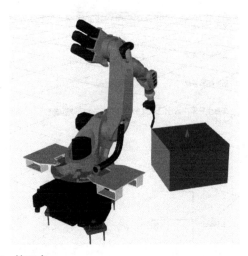

图 2-46　第四点

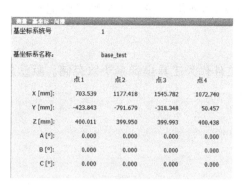

图 2-47　测量点的坐标和姿态

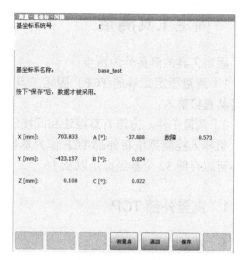

图 2-48　测量结果

2.2.3　输入基准数值

1. 前提条件

已知下列数值，例如从 CAD 中获得：

1）基坐标系的原点与世界坐标系原点的距离。

2）基坐标系坐标轴相对于世界坐标系的旋转角度。

3）运行方式为 T1。

2. 操作步骤

1）在主菜单中选择投入运行→测量→基坐标→数字输入。

2）为待测定的基坐标系选择一个号码并给定一个名称，单击"继续"。

3）输入数据，单击"继续"，如图 2-49 所示。

4）单击"保存"。

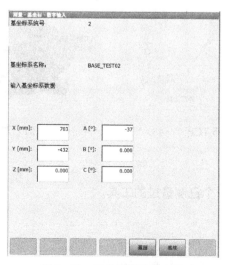

图 2-49　基坐标数值输入法

2.3 固定工具测量

固定工具的测量分为两步:

1)测量固定工具的 TCP。固定工具的 TCP 被称为外部 TCP。如果测量数据已知,则可将其直接输入。

2)测量工件。方法有直接法和间接法。

机器人控制系统将外部 TCP 作为基坐标系、工件作为工具坐标系予以存储。默认总共最多可以存储 32 个基坐标系以及 16 个工具坐标系。

2.3.1 测量外部 TCP

1. 原理

1)将固定工具的 TCP 告知机器人控制系统,用一个已经测量过的工具移至 TCP,如图 2-50 所示。

2)将固定工具的坐标系取向告知机器人控制系统,如图 2-51 所示。用户对一个已经测量过的工具坐标系平行于新的坐标系进行校准。有两种方式:

① 5D:将工具的碰撞方向告知机器人控制系统。该碰撞方向默认为 X 轴。其他轴的取向将由系统确定,用户对此没有影响力。系统总是为其他轴确定相同的取向。如果之后必须对工具重新进行测量,比如在发生碰撞后,仅需重新确定碰撞方向,而无须考虑碰撞方向的旋转角度。

② 6D:将所有 3 个轴的取向告知机器人控制系统。

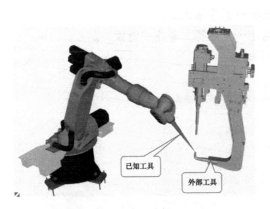

图 2-50 移动至外部 TCP

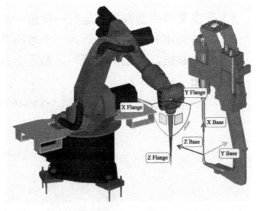

图 2-51 对坐标系进行平行校准

2. 前提条件

1)在连接法兰上装有一个已测量过的工具。

2)运行方式为 T1。

3. 操作步骤

1)在主菜单中选择投入运行→测量→固定工具→工具。

2）为需测量的固定工具选择一个编号并给定一个工具名称，如图 2-52 所示。单击"继续"。

3）选择已经测量过的工具编号，如图 2-53 所示。单击"继续"。

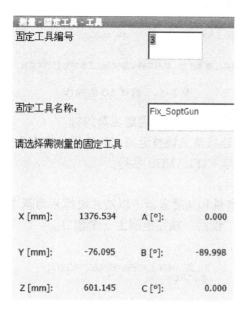

图 2-52　选择固定工具号和名称

图 2-53　选择已知参考工具号

4）在 5D/6D 栏中选择一种规格，如图 2-54 所示。单击"继续"。

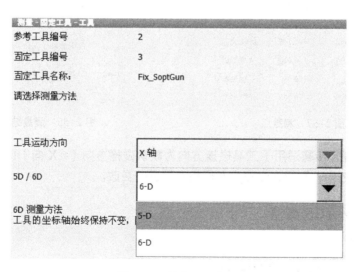

图 2-54　选择 5D 或 6D

5）用已测量工具的 TCP 移至固定工具的 TCP，如图 2-50 和图 2-55 所示。单击"测量"，单击"是"，确认安全询问。

6）如果选择 5D，如图 2-51 和图 2-56 所示，+XBASE 与 -ZFLANGE 平行对齐也就是将连接法兰调整成与固定工具的作业方向垂直。

测量 - 固定工具 - 工具		测量 - 固定工具 - 工具	
参考工具编号	2	参考工具编号	2
固定工具编号	3	固定工具编号	3
固定工具名称:	Fix_SoptGun	固定工具名称:	Fix_SoptGun
将参考工具的 TCP 移至要测量的固定工具的 TCP		校准机械手法兰，使其与需测量的固定工具的加工方向垂直	

图 2-55　用已测量工具的 TCP 移至固定工具的 TCP　　　　图 2-56　选择 5D 的操作

7）如果选择 6D，应对连接法兰进行调整，使它的轴平行于固定工具的轴：

■　　+XBASE 与 –ZFLANGE 平行（也就是将连接法兰调整至与工具的作业方向垂直的方向）、+YBASE 与 +YFLANGE 平行、+ZBASE 与 +XFLANGE 平行。

8）单击"测量"，单击"是"，确认安全询问。

9）在需要时，可以让测量点的坐标和姿态以增量和角度显示（以法兰坐标系为基准），如图 2-57 所示。为此单击"测量点"，然后单击"返回"按钮返回上一个窗口。

10）单击"保存"，测量结果如图 2-58 所示。

测量 - 固定工具 - 工具		
固定工具编号		3
固定工具名称:		Fix_SoptGun
	点 1	点 2
X [mm]:	1376.534	885.463
Y [mm]:	-76.095	-284.288
Z [mm]:	601.145	1162.037
A [°]:	0.000	-178.706
B [°]:	0.000	-0.002
C [°]:	0.000	-179.997

测量 - 固定工具 - 工具			
固定工具编号			3
固定工具名称:			Fix_SoptGun
按下"保存"后，数据才被采用.			
X [mm]:	1376.534	A [°]:	0.000
Y [mm]:	-76.095	B [°]:	-89.998
Z [mm]:	601.145	C [°]:	0.000

图 2-57　测量点　　　　　　　　　　　图 2-58　测量结果

注意：上述操作步骤适用于工具碰撞方向为默认碰撞方向（= X 向）的情况。如果碰撞方向改为 Y 向或 Z 向，则操作步骤也必须相应地进行更改。

2.3.2　输入外部 TCP 数值

1. 前提条件

已知下列数值，例如从 CAD 中获得：

1）固定工具的 TCP 至世界坐标系（X，Y，Z）原点的距离。

2）固定工具轴相对于世界坐标系（A，B，C）的旋转角度。

3）运行方式为 T1。

2. 操作步骤

1）在主菜单中选择投入运行→测量→固定工具→数字输入。

2）为固定工具选择一个编号并给定一个工具名称，单击"继续"。

3）输入数据，如图 2-59 所示，单击"继续"。

4）单击"保存"。

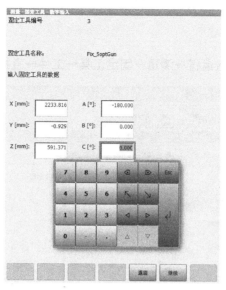

图 2-59　输入数据

2.3.3　直接法测量工件

直接法测量工件是将机器人的原点和工件的另外两个点通知机器人控制系统，此 3 个点将该工件清楚地定义出来，如图 2-60 所示。

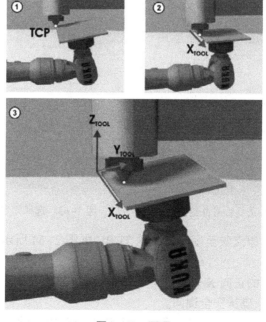

图 2-60　原理

1. 前提条件

1）连接法兰处已经安装了待测量的工件。

2）安装了一个已经测量过的固定工具。

3）运行方式为 T1。

2. 操作步骤

1）在主菜单中选择投入运行→测量→固定工具→工件→直接测量，如图 2-61 所示。

图 2-61　主菜单操作

2）为需测量的工件选择一个编号并给定一个工件名称，如图 2-62 所示。单击"继续"。

3）选择固定工具的编号，如图 2-63 所示。单击"继续"。

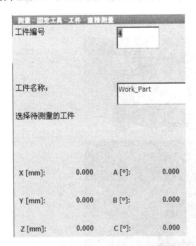

图 2-62　为工件选择编号并给定名称　　　　图 2-63　选择固定工具的编号

4）将工件坐标系的原点驶至固定工具的 TCP，如图 2-64 所示。单击"测量"，单击"是"，确认安全询问。

5）将在工件坐标系的正向 X 轴上的一点驶至固定工具的 TCP，如图 2-65 所示。单击"测量"，单击"是"，确认安全询问。

6）将一个位于工件坐标系的 XY 平面上且 Y 值为正的点驶至固定工具的 TCP，如图

2-66 所示。单击"测量",单击"是",确认安全询问。

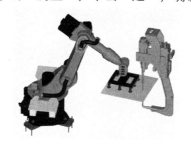

测量 - 固定工具 - 工件 - 直接测量	
工件编号	4
固定工具编号	3
工件名称:	Work_Part
将工件坐标系统的原点移至 TCP!	

图 2-64　将工件坐标系的原点驶至固定工具的 TCP

测量 - 固定工具 - 工件 - 直接测量	
工件编号	4
固定工具编号	3
工件名称:	Work_Part
将工件坐标系的的 X 轴正向上的一点移至 TCP!	

图 2-65　X 轴方向的点

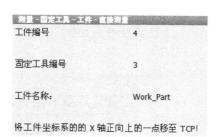

测量 - 固定工具 - 工件 - 直接测量	
工件编号	4
固定工具编号	3
工件名称:	Work_Part
将工件坐标系的 XY 平面上一个带有正 Y 值的点移至 TCP!	

图 2-66　Y 轴方向的点

7）输入工件的负载数据,如图 2-67 所示。如果要单独输入负载数据,则可以跳过该步骤。

8）单击"继续"。

9）在需要时,可以让测量点的坐标和姿态以增量和角度显示(以法兰坐标系为基准)。为此单击"测量点",如图 2-68 所示,然后单击"返回"按钮返回上一个窗口。

测量 - 固定工具 - 工件 - 直接测量

工具号　　4

工具名:　　Work_Part

请输入工具负载的数据
(质量(M)、重心(X、Y、Z)和方向(A、B、C)以及惯性矩(JX、JY、JZ))

M [kg]:	30				
X [mm]:	0.000	A [°]:	0.000	JX [kg·m²]:	0.000
Y [mm]:	0.000	B [°]:	0.000	JY [kg·m²]:	0.000
Z [mm]:	0.000	C [°]:	0.000	JZ [kg·m²]:	0.000

图 2-67　输入工件的负载数据

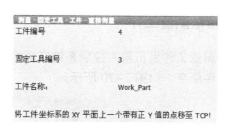

测量 - 固定工具 - 工件 - 直接测量

工件编号　　4

工件名称:　　Work_Part

	点1	点2	点3
X [mm]:	-385.272	-398.833	-121.543
Y [mm]:	-314.512	285.783	-317.282
Z [mm]:	132.939	132.697	131.450
A [°]:	0.000	0.000	0.000
B [°]:	0.000	0.000	0.000
C [°]:	0.000	0.000	0.000

图 2-68　测量点的位置数据

10）单击"保存"，如图 2-69 所示。

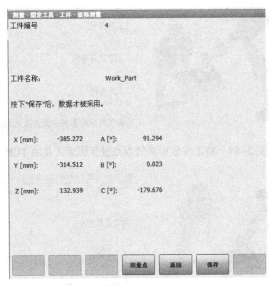

图 2-69　测量结果

2.3.4　间接法测量工件

间接法测量工件是机器人控制系统在 4 个点（其坐标必须已知）的基础上计算工件，不用移至工件原点，如图 2-70 所示。

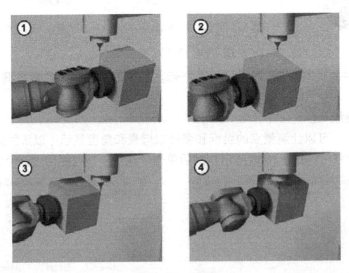

图 2-70　原理

1．前提条件

1）连接法兰处已经安装了待测量的工件。

2）新工件的 4 个点坐标已知，例如从 CAD 中得知，如图 2-71 所示。TCP 可达到这 4 个点。

3）安装了一个已经测量过的固定工具。

4）运行方式为 T1。

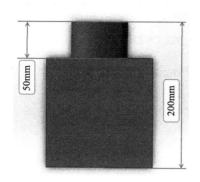

图 2-71　工件的 CAD 尺寸

2. 操作步骤

1）在主菜单中选择投入运行→测量→固定工具→工件→间接测量，如图 2-72 所示。

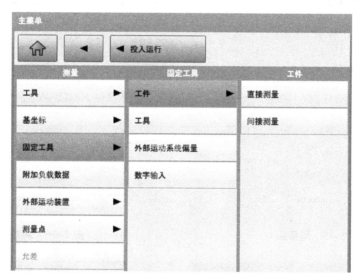

图 2-72　选择间接法测量工件

2）为需测量的工件选择一个编号并给定一个工件名称，单击"继续"，如图 2-73 所示。

3）选择固定工具的编号，单击"继续"，如图 2-74 所示。

4）输入工件的一个已知点的坐标，用此点移至固定工具的 TCP，如图 2-75 所示。单击"测量"，单击"是"，确认安全询问。

5）把第 4 步重复 3 次，如图 2-76 ～ 图 2-79 所示。

6）输入工件的负载数据，如图 2-80 所示。如果要单独输入负载数据，则可以跳过该步骤。

7）单击"继续"。

8）在需要时，可以让测量点的坐标和姿态以增量和角度显示（以法兰坐标系为基准）。为此单击"测量点"，如图 2-81 所示，然后单击"返回"按钮返回上一个窗口。

9）单击"保存"，如图 2-82 所示。

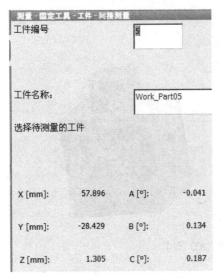

图 2-73　输入工件编号和名称

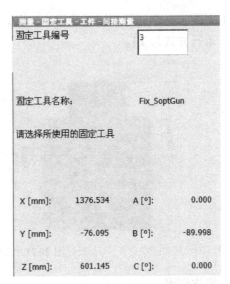

图 2-74　选择工具编号

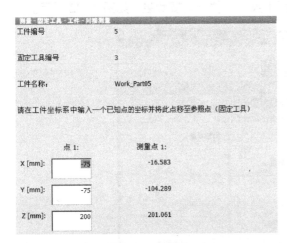

图 2-75　测量点 1

图 2-76　测量点 2

图 2-77　测量点 3

图 7-78　测量点 4

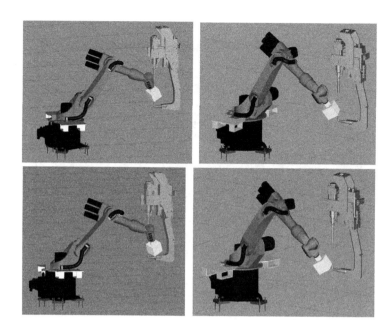

图 2-79　测量 4 个点

测量·固定工具·工件·间接测量

工具号		5	

工具名：　　　　　　　　Work_Part05

请输入工具负载的数据
（质量(M)、重心(X、Y、Z) 和方向(A、B、C) 以及惯性矩(JX、JY、JZ)）

M [kg]:	30				
X [mm]:	0.000	A [°]:	0.000	JX [kg·m²]:	0.000
Y [mm]:	0.000	B [°]:	0.000	JY [kg·m²]:	0.000
Z [mm]:	0.000	C [°]:	0.000	JZ [kg·m²]:	0.000

图 2-80　输入工件的负载数据

测量·固定工具·工件·间接测量

工件编号		5		

工件名称：　　　　　　　Work_Part05

	点1	点2	点3	点4
X [mm]:	-16.583	133.255	133.336	-16.557
Y [mm]:	-104.289	-104.295	45.970	46.286
Z [mm]:	201.061	201.054	201.202	201.895
A [°]:	0.000	0.000	0.000	0.000
B [°]:	0.000	0.000	0.000	0.000
C [°]:	0.000	0.000	0.000	0.000

图 2-81　测量点位置数据

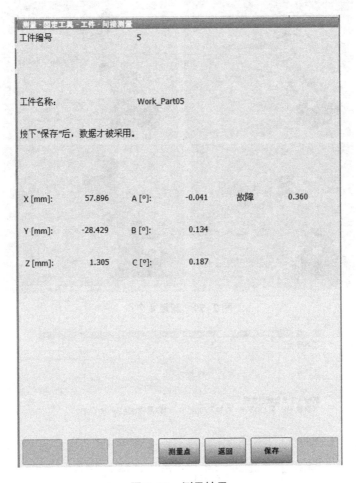

图 2-82   测量结果

2.4   负载数据

负载数据进入轨道和加速的计算中，并用于优化节拍时间。负载数据必须输入机器人控制系统。负载数据的来源为：KUKA Load Data Determination 软件选项（仅用于法兰上的负载）、生产厂商数据、人工计算和 CAD 程序。

2.4.1   用 KUKA Load 检测负载

所有负载数据（负载及附加负载）都必须用 KUKA Load 软件检查，如图 2-83 所示。但如果用 KUKA Load Data Determination 进行负载检查，则无须再使用 KUKA Load 进行检查。

使用 KUKA Load 可以生成负载验收记录（Sign Off Sheet），如图 2-84 和图 2-85 所示。KUKA Load 以及文献资料均可从库卡网站 www.kuka.com 上免费下载。

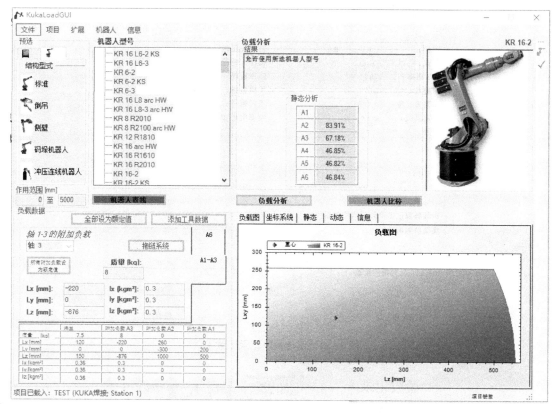

图 2-83　KUKA Load 窗口

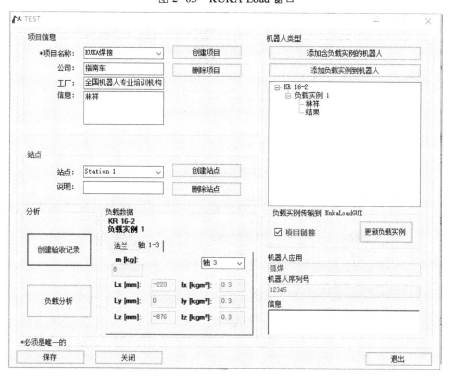

图 2-84　创建验收记录

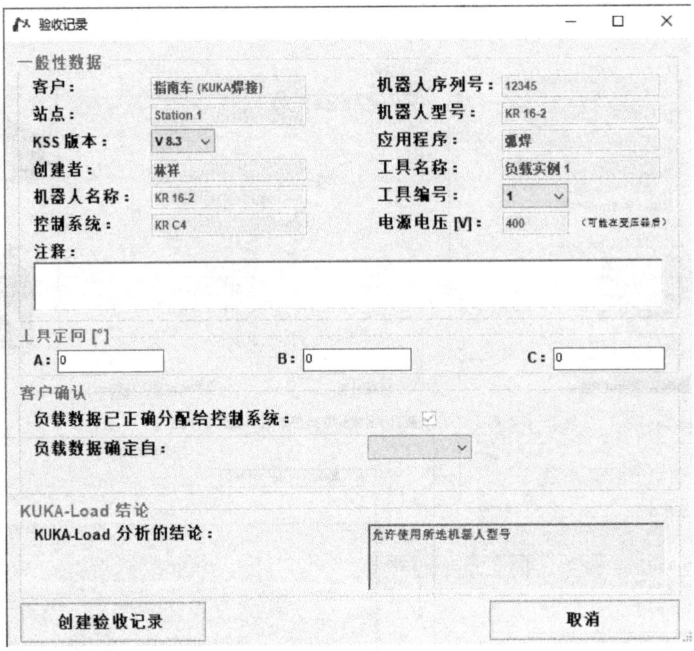

图 2-84　创建验收记录（续）

验收记录

KUKA Roboter GmbH
Zugspitzstraße 140
D-86165 Augsburg
http://www.kuka-roboter.de

KUKA

创建自：　Kuka.Load 5.0.16 (File Version: 1.1.0.5, Program Version: 4.1.0.19)

一般性数据

客户：	指南车 (KUKA焊接)	机器人序列号：	12345
站点：	Station 1	机器人型号：	KR 16-2
KSS 版本：	V 8.3	应用程序：	弧焊
创建者：	林祥	工具名称：	负载实例 1
机器人名称：	KR 16-2	工具编号：	1
控制系统	KR C4	电源电压 [V]	400（可能在变压器后）
注释：			

法兰上的负载

质量 [kg]　7.50

质量重心 [mm]		惯性 [kgm²]		定向 [°]	
Lx:	120.00	Ix:	0.360	A:	0
Ly:	0.00	Iy:	0.360	B:	0
Lz:	150.00	Iz:	0.360	C:	0

附加负载 A1-A3

质量 A3 [kg]		质量 A2 [kg]		质量 A1 [kg]	
	8.00		0.00		0.00

质量重心 A3 [mm]		质量重心 A2 [mm]		质量重心 A1 [mm]	
Lx:	-220.00	Lx:	260.00	Lx:	0.00
Ly:	0.00	Ly:	-300.00	Ly:	200.00
Lz:	-876.00	Lz:	1000.00	Lz:	500.00

惯性 A3 [kgm²]		惯性 A2 [kgm²]		惯性 A1 [kgm²]	
Ix:	0.300	Ix:	0.000	Lx:	0.000
Iy:	0.300	Iy:	0.000	Ly:	0.000
Iz:	0.300	Iz:	0.000	Lz:	0.000

图 2-85　验收记录

客户确认

负载数据已正确分配给控制系统：　　　　　　　☑

负载数据确定自：　　　　　　　| CAD |

KUKA-Load 分析的结论：　　| 允许使用所选机器人型号 |

日期：　| 2019/5/5 |　　　　　　| |

客户　　　　　　　　　　　　　　　　　　　日期

KUKA 认证

验收为：
- ❑　　已拒绝，因为：　　　　| |
- ❑　　已授权，有条件许可；
- ❑　　已授权，无条件许可

不允许机器人过载。如果机器人过载，则无法确保安全运行。外部力和力矩（例如过程力）未包括在计算中。在这种情况下必须事先与 KUKA 协商。对于每个机器人，负载数据必须正确分配给系统。必须确保机器人在码程模式下正确运行，验证要无例外仅被授权用于当前指定的负载数据。如果机器人工具改变，则该验证无效！

KUKA Roboter GmbH　　　　　　　日期

图 2-85　验收记录（续）

2.4.2　用 KUKA Load Data Determination 计算负载

用 KUKA Load Data Determination 可以精确确定负载并将其传输至机器人控制系统。对于与模型兼容的路径规划、更高的运动曲线、加速度适应性以及高精度机器人模型输入正确的载荷数据（质量、重心、转动惯量）至关重要。这种方式避免了机器人的过载，例如齿轮单元和轴承的过载。用 KUKA Load Data Determination 计算负载具有如下特点：

1）可以快速轻松地确定数据。

2）它是通过在机器人上安装负载并执行轴电动机转矩产生的电流执行某些测量运动来完成的。这些数据用作计算负载数据的基础。

3）以这种方式识别安装在机器人法兰上的工具的质量、重心和惯性矩。

4）有效负载可以自动确定或手动输入。

1. 前提条件

1）运行方式为 T1 或 T2。

2）未选定程序。

3）只能在英语、德语、法语、意大利语和西班牙语下运行，如图 2-86 所示。

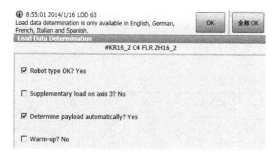

图 2-86　语言选择

2. 操作步骤

1）在主菜单中选择投入运行→售后服务→负载数据计算，如图2-87所示。

图2-87　负载数据计算

2）设置参数设定窗口，如图2-88所示。窗口选项说明如下：

① Robot type OK？ Yes确认机器人型号。选择当前正确的机器人型号。机器人类型针对使用标准电动机组进行负载数据优化进行了优化，因此有必要指定正确的机器人类型。在开始加载数据时，将检查电动机动组与机器人名称。如果机器人在当前装载数据版本中可用，则机器人类型正常？会自动设置为"是"，如图2-89所示。

如果无法识别带有电动机组的机器人（例如由于技术原因机器人的电动机组发生了变化，而LDD数据库中尚未更新），则说明"未调整此组电动机的机器人"，"for LDD"显示在消息窗口中。勾选复选框"Robot type OK？ No，robot is"，可以从选择框中手动选择与图2-89所示不同的机器人，但具有相同的电动机组。

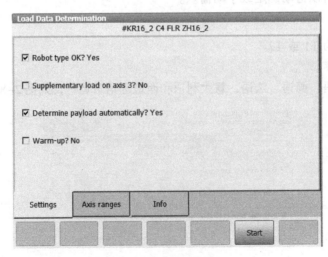

图2-88　参数设定窗口

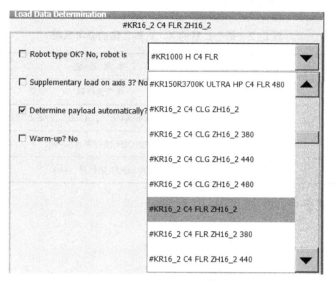

图 2-89　机器人在当前装载数据版本中可用

② Supplementary load on axis 3？ No 轴 3 上的附加载荷。如果激活 "Supplementary load on axis 3？ No"，则打开补充负载 A3 选项卡。可在此处输入补充负载数据，如图 2-90 所示。

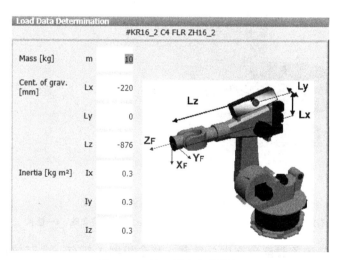

图 2-90　输入补充负载数据

图 2-90 中负载数据含义见表 2-1。

表 2-1　负载数据含义

参　　数		说　　明	单　　位
Mass	m	质量	kg
Cent.of.grav.	Lx，Ly，Lz	距离重心的距离	mm
Inertia	Ix，Iy，Iz	在重心处的质量矩	kg·m²

每个负载的 X、Y 和 Z 值的参考系统见表 2-2。

表 2-2　每个负载的 X、Y 和 Z 值的参考系统

加　　载	参 考 系 统
有效负载	法兰坐标系
补充负载 A3	法兰坐标系 A4=0°，A5=0°，A6=0°
补充负载 A2	ROBROOT 坐标系 A2=-90°
补充负载 A1	ROBROOT 坐标系 A1=0°

在机器人上安装各种负载，如图 2-91 所示。

图 2-91　机器人上安装的各种负载

1—法兰上的有效负载　2—轴 A3 上的补充负载　3—轴 A2 上的补充负载　4—轴 A1 上的补充负载

所有加载在一起的负载都会产生总负载。每个机器人都有一个有效负载图，可用于快速初步检查机器人是否适合有效负载。

③ Determine payload automatically？ Yes 自动确定有效负载。如果应自动确定有效负载，则必须激活此复选框。如果不应自动确定有效负载，则必须取消激活此复选框。然后可以手动输入有效负载，如图 2-92 所示。

④ Warm-up？ No 预热。如果机器人未处于工作温度，则可以设置预热。

轴范围参数设置窗口如图 2-93 所示。在实际中，通常存在工作包络约束，使得机器人仅在某些角度范围内执行运动，以避免与工作范围中的障碍物碰撞的危险。尽管有这样的预定角度范围，但仍然可以影响负载数据确定所需的工作范围。

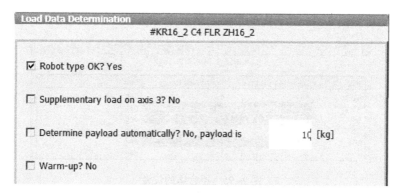

图 2-92　手动输入有效负载

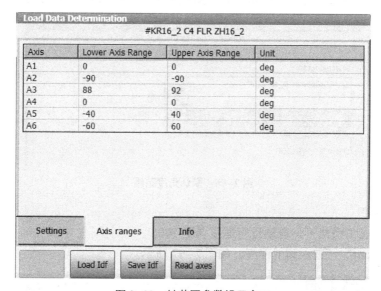

图 2-93　轴范围参数设置窗口

a.　轴 A3 必须相对于地板尽量保持水平。这意味着轴 A2 和 A3 的总和必须几乎为零。

b.　轴 A5 的起始位置可以在零位置附近偏移 ±40°。必须满足以下与起始位置相关的条件：

a）最大间隔：–2°＜A2+A3＜2°（例如 A2=–80°、A3=80°）；–40°＜A5＜40°；A6 在任何位置，直到软件限位开。

b）最佳起始位置如图 2-94 所示。A2=–90°；A3=90°；A4=0°；A5=0°；A6=0°。

Axis	Pos. [deg, mm]	Motor [deg]	
A1	0.00	0.00	Cartesian
A2	-90.00	11250.00	
A3	90.00	11250.00	
A4	0.00	0.00	
A5	0.00	0.00	
A6	0.00	0.00	
E1	0.00	0.00	

图 2-94　最佳起始位置

不合适的位置如图 2–95 所示出现带颜色显示（红色）。

Axis	Lower Axis Range	Upper Axis Range	Unit
A1	63	63	deg
A2	-68	-68	deg
A3	62	66	deg
A4	0	0	deg
A5	90	170	deg
A6	30	150	deg

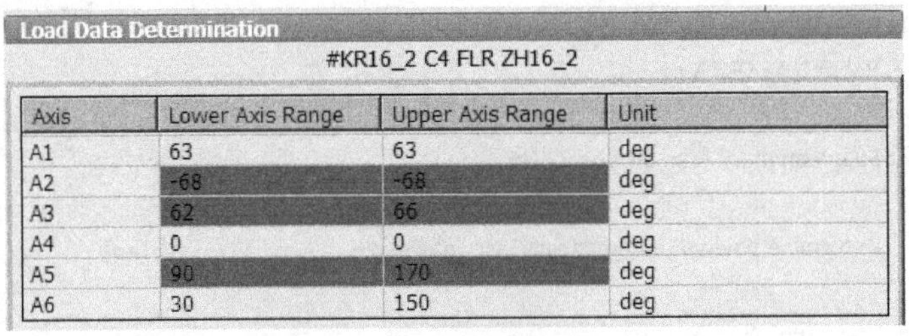

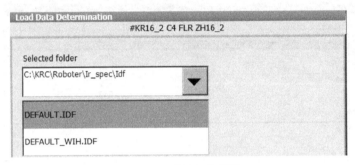

图 2–95　不合适的位置

c）默认角度范围如图 2–96 所示。默认角度范围包含在 DEFAULT.IDF 文件中。

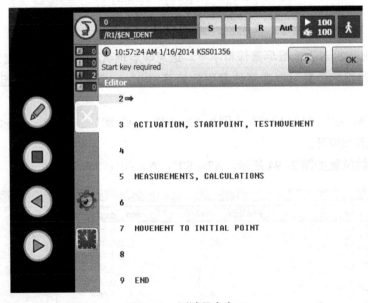

图 2–96　默认角度范围

3）运行测试：

① 切换到 AUT 模式下，自动运行速度调至 100。

② 单击“Start”，进入测试程序，如图 2–97 所示。

图 2–97　测试程序窗口

③ 单击运行按钮，提示测量前是否进行试运行。如果需要单击“Yes”，如图 2–98 所示。

④ 开始测量，如图 2-99 所示。

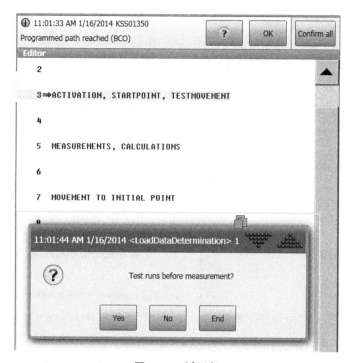

图 2-98　试运行

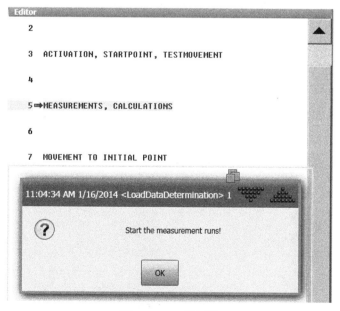

图 2-99　开始测量

⑤ 第一步完成，移动到第二条路径，开始测量，如图 2-100 所示。
⑥ 第二步完成，移动到第三条路径，开始测量，如图 2-101 所示。
⑦ 第三步完成，显示测量结果，并指定对应的工具号，如图 2-102 所示。

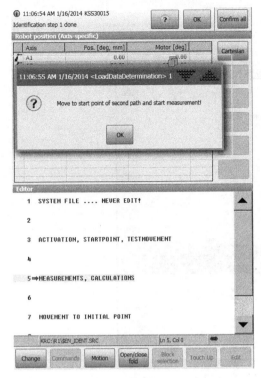

图 2-100　第一步完成进入第二步测量

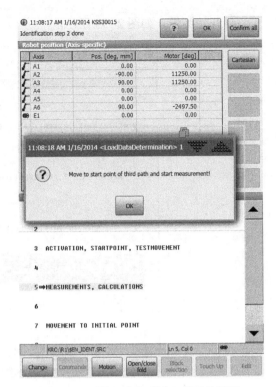

图 2-101　第二步完成进入第三步测量

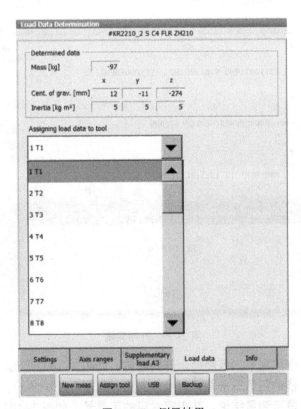

图 2-102　测量结果

2.4.3 在线负载数据检查

在主菜单中选择投入运行→测量→工具→数字输入 / 工具负荷数据。选择数字输入工具数据时，如图 2-103 所示。选择工具负荷数据时，如图 2-104 所示。

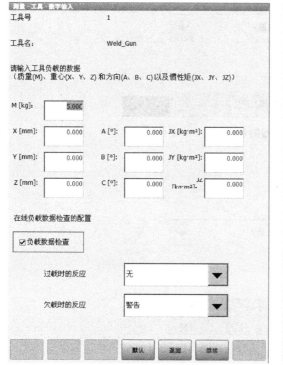

图 2-103 数字输入工具数据

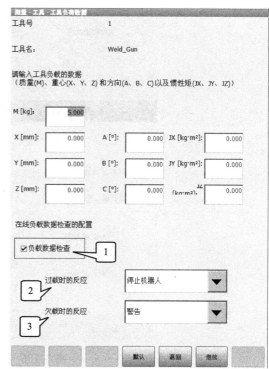

图 2-104 工具负荷数据

图 2-104 中部分参数说明见表 2-3。

表 2-3 图 2-104 中部分参数说明

序 号	说 明
1	TRUE：对于在同一窗口中显示的工具，在线负载数据检查激活。在过载或欠载时则出现规定的反应 FALSE：对于在同一窗口中显示的工具，在线负载数据检查未激活。在过载或欠载时不出现反应
2	在此可以规定过载时应出现何种反应 1）无：无反应 2）警告：机器人控制系统显示以下状态信息：在检查机器人负载（工具 {编号}）时测得过载 3）停止机器人：机器人控制系统显示一条内容与警告时相同的但需确认的信息。机器人以 STOP 2 停止
3	在此可以规定欠载时应出现何种反应。可能的反应与过载时类似

过载时和欠载时的反应如图 2-105、图 2-106 所示。

这些设置结果可以在 KRL（KUKA Robot Language，KUKA 机器人编程语言）程序中通过系统变量 $LDC_CONFIG[] 更改，系统变量路径为 KRC\STEU\Mada\$custom.dat。

如果 1 号工具负载检查设置为：

1）过载时的反应：无；欠载时的反应：无。$LDC_CONFIG[1] 的参数如图 2-107 所示。

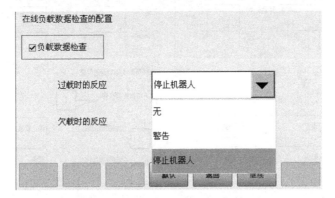

图 2-105　过载时的反应

图 2-106　欠载时的反应

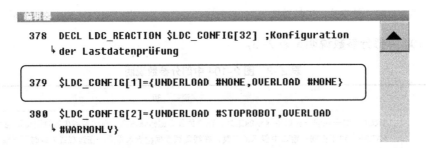

```
378  DECL LDC_REACTION $LDC_CONFIG[32] ;Konfiguration
   ↳ der Lastdatenprüfung

379  $LDC_CONFIG[1]={UNDERLOAD #NONE,OVERLOAD #NONE}

380  $LDC_CONFIG[2]={UNDERLOAD #STOPROBOT,OVERLOAD
   ↳ #WARNONLY}
```

图 2-107　1号负载检查设置情况 1

2）过载时的反应：警告；欠载时的反应：无。$LDC_CONFIG[1]的参数如图 2-108 所示。

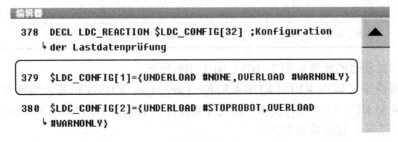

```
378  DECL LDC_REACTION $LDC_CONFIG[32] ;Konfiguration
   ↳ der Lastdatenprüfung

379  $LDC_CONFIG[1]={UNDERLOAD #NONE,OVERLOAD #WARNONLY}

380  $LDC_CONFIG[2]={UNDERLOAD #STOPROBOT,OVERLOAD
   ↳ #WARNONLY}
```

图 2-108　1号负载检查设置情况 2

3）过载时的反应：无；欠载时的反应：停止机器人。$LDC_CONFIG[1] 的参数如图 2-109 所示。

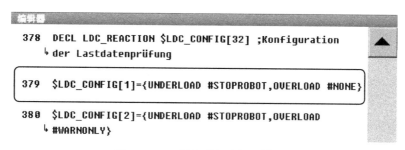

图 2-109　1 号负载检查设置情况 3

以上可以看出，无、警告、停止机器人三种反应在变量中的具体参数值分别为 #NONE、#WARNONLY、#STOPROBOT。

第 3 章

专家界面、结构化编程、KRL 运动编程

- ➢ 专家界面
- ➢ 结构化编程
- ➢ 用 KRL 进行运动编程

3.1 专家界面

机器人控制器可向不同的用户组提供不同的功能。可以选择以下几个用户组：

1. 操作人员

操作人员用户组。此为默认用户组。

2. 应用人员

操作人员用户组（在默认设置中，操作人员和应用人员是一样的）。

3. 专家

编程人员用户组。此用户组有密码保护。

4. 管理员

管理员用户组功能与专家用户组一样。另外，可以将插件（Plug-Ins）集成到机器人控制器中。此用户组有密码保护。

5. 安全维护人员

安装维护人员用户组可以激活和配置机器人的安全配置。此用户组有密码保护。

6. 安全投入运行人员

只有当使用 KUKA.SafeOperation 或 KUKA.SafeRangeMonitoring 选项时，该用户组才有效。该用户组有密码保护。

3.1.1 专家用户组的扩展功能

1）密码保护（默认 kuka），如图 3-1 所示。

图 3-1 密码

2）可以借助 KRL 在编辑器中编程，如图 3-2 所示。

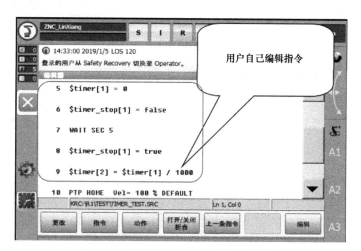

图 3-2　可以借助 KRL 在编辑器中编程

3）模块的详细说明窗口，如图 3-3 所示。

4）显示 / 隐藏 DEF 行，如图 3-4 所示。

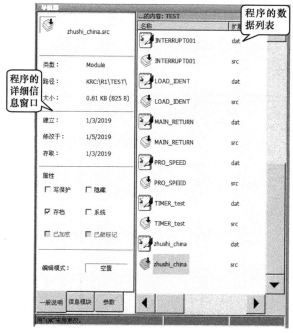

图 3-3　模块的详细说明窗口

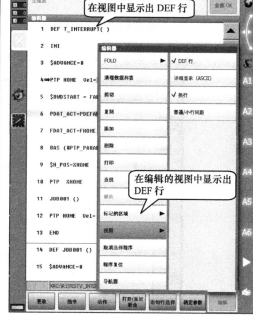

图 3-4　显示 / 隐藏 DEF 行

5）展开和合拢折合（FOLD）。

6）在程序中显示详细说明界面。

7）当运行方式切换至 AUT（自动）或 AUT EXT（外部自动运行）时，在一定的持续时间内（300s）未对操作窗口进行任何操作时，将自动退出专家用户组，如图 3-5 所示。

图 3-5　自动退出专家用户组

8）创建程序时可从预定义的模板中选择，如图 3-6 所示。

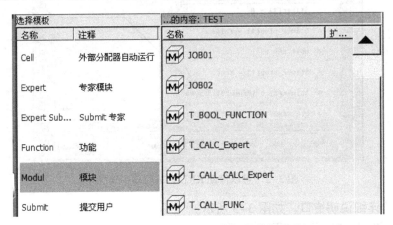

图 3-6　创建程序时可从预定义的模板中选择

3.1.2　借助模板创建程序功能

程序模板如图 3-7 所示。各参数说明如下：

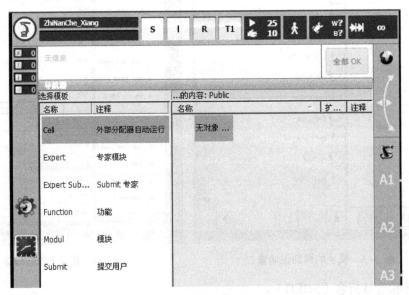

图 3-7　程序模板

（1）Cell　现有的 Cell 程序只能被替换或者在删除 Cell 程序后重新创建。

1）Cell 程序是外部启动专用的程序，一般由上位机 PLC 远程启动机器人的程序。

2）Cell 程序一般直接放在 R1 文件夹下面，如图 3-8 所示。

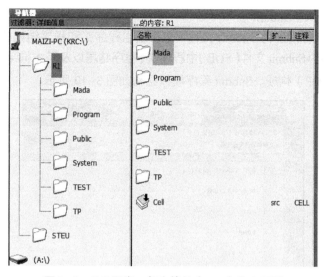

图 3-8　Cell 程序一般直接放在 R1 文件夹下面

（2）Expert　模块由只有程序头和程序结尾的 SRC 和 DAT 文件构成。Expert 程序模板是带参数的程序，如图 3-9 所示。

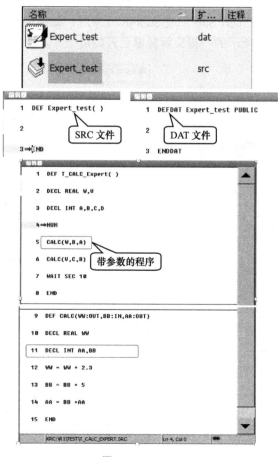

图 3-9　Expert

（3）Expert Sub…、Submit

1）Expert Sub…：附加的 Submit 文件（SUB）由程序头和程序结尾构成，无 DAT 文件。

2）Submit：附加的 Submit 文件（SUB）由程序头、程序结尾以及基本框架（DECLARATIONS、INI、LOOP/ENDLOOP）构成。Submit 程序模板结构如图 3-10 所示。

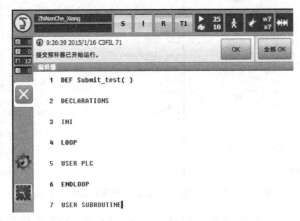

图 3-10　Submit 程序模板结构

Expert Sub…（专家）和 Submit（用户）模板都是提交解释器的程序模板，是 KUKA 后台运行的程序。当选定 Expert Sub… 或 Submit 程序时，如果后台已经有提交解释器程序运行时，就会出现图 3-11 所示的"提交解释器已开始运行"。

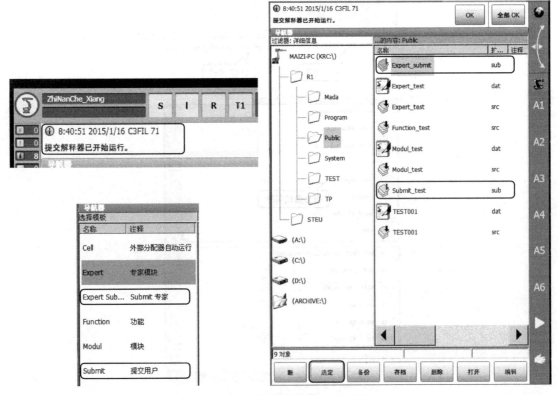

图 3-11　显示"提交解释器已开始运行"

（4）Function 创建 SRC 函数，在 SRC 中只创建带有 BOOL 变量的函数。函数结尾已经存在，但必须对返回值进行编程，如图 3-12 所示。

通过 Function 模板可以自己定义一个实际需要的功能程序，结果可以是运算的整数、实数或 BOOL 等变量。

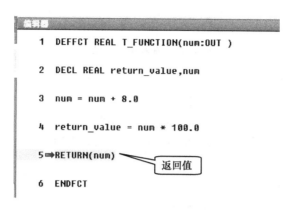

图 3-12　Function

（5）Modul　Modul（模块）由具有程序头、程序结尾以及基本框架（INI 和 2 个 PTP HOME）的 SRC 和 DAT 文件构成。通常机器人的移动轨迹编程使用这个模板，如图 3-13 所示。

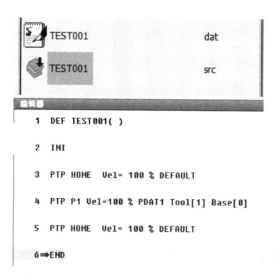

图 3-13　Modul

3.1.3　激活专家界面和纠错的操作步骤

1. 激活专家界面

1）在主菜单中选择配置→用户组。

2）作为专家登录，单击"登录"，选定用户组"专家"，输入密码（默认 kuka）登录。

2. 纠正程序中的错误

1）在导航器中选择出错的模块，如图3-14所示。

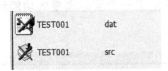

图3-14 选择出错的模块

2）选择菜单错误列表。

3）错误显示随即打开，如图3-15所示。

4）选定错误，在下面的错误显示中将显出详细描述。

5）在错误显示窗口中按"显示"按钮，跳到出错的程序中。

6）纠正错误。

7）退出编辑器并保存。

根据提示信息查找相应的错误如图3-16所示。

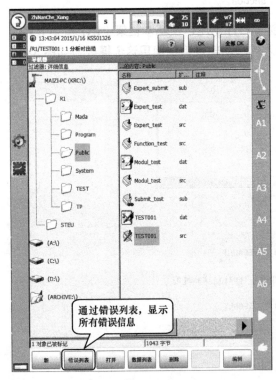

图3-15 错误显示打开

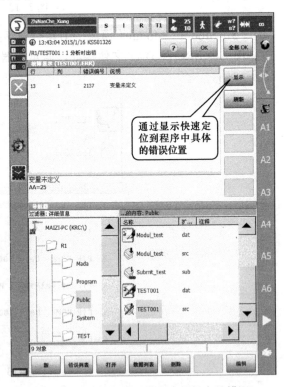

图3-16 根据提示信息查找相应的错误

3.2 结构化编程

采用结构化编程的特点：

1）通过严密的分段结构方便地解决复杂的问题。

2）以清晰易懂的方式展示基本方法（无须深度编程知识）。

3）提高维护、修改和扩展程序的效率。

4）前瞻性程序规划。

5）使复杂的任务分解成几个简单的分步任务。

6）降低编程时的总耗时。

7）使相同性能的组成部分得以更换。

8）单独开发各组成部分。

一个好的机器人程序的 6 个要求是高效、无误、易懂、维护简便、清晰明了、具有良好的经济效益。

3.2.1 注释

注释，英文输入法下用";"符号表示。

1. 注释的用处

1）注释是编程语言中补充 / 说明的部分。所有编程语言都是由计算机指令（代码）和对文本编辑器的提示（注释）组成。如果进一步处理源程序（编译、解释等）时，处理软件则会忽略注释，因此不会影响结果。

2）在 KUKA 控制器中使用行注释，即注释在行尾自动结束。

3）单凭注释无法使程序可读，但它可以提高结构分明的程序的可读性。程序员可通过注释在程序中添加说明、解释，而控制器不会将其理解为句法。

4）程序员负责使注释内容与编程指令的当前状态一致。因此在更改程序时还必须检查注释，并在必要时加以调整。

5）注释的内容以及其用途可由程序员任意选择，没有严格规定的句法。通常以"人类"语言书写注释，或使用作者的母语或常用语言。

2. 注释的使用地方

（1）整个源程序的信息　作者可在源程序开头处写上引言，包括作者说明、授权、创建日期、出现疑问时的联系地址以及所需其他文件的列表等。

举例 1：

```
DEF PICK_CUBE()
; 该程序将方块从库中取出
; 作者：TONY LIN
; 创建日期：2018.12.31
INI
    :
END
```

（2）源程序的分段　标题和段落可以标出，不仅可使用语言表达方式，而且还可以使用由文字转换为图形的方式。

举例2：

```
DEF PALLETIZE()
;*****************************************************
;* 该程序将 16 个方块堆垛在工作台上 *
;* 作者：TONY LIN
;* 创建日期：2018-12-31
;*****************************************************
INI
    :
;----------- 位置的计算 ---------------
    :
;-----------16 个方块的堆垛 --------------
    :
;-----------16 个方块的卸垛 --------------
    :
END
```

（3）单行的说明　这样可以说明文本段（例如程序行）的工作原理或含义，以便于其他人或作者本人以后理解。

举例3：

```
DEF PICK_CUBE()
INI
PTP HOME Vel=100% DEFAULT
PTP Pre_Pos ;移动至抓取预备位置
LIN Grip_Pos ;移动至方块抓取位置
    :
END
```

（4）对需执行的工作的说明　注释可以标记不完整的代码段，或者标记完全没有代码段的通配符。

举例4：

```
DEF PICK_CUBE()
INI
; 此处还必须插入货盘位置的计算！
PTP HOME Vel=100% DEFAULT
PTP Pre_Pos ;移动至抓取预备位置
LIN Grip_Pos ;移动至方块抓取位置
; 此处尚缺少抓爪的关闭
END
```

（5）变为注释　如临时删除以后可能还会重新使用的代码组成部分，则要将其变为注释。只要代码段包含在注释中，则编译器就不再将其视为代码，即实际上代码已经不再存在。

举例5：

```
DEF Palletize()
INI
PICK_CUBE()
;CUBE_TO_TABLE()
CUBE_TO_MAGAZINE()
END
```

此行变为注释行，程序运行时不执行此行的指令，这里是调用 CUBE_TO_TABLE 程序，那么在前面增加";"，程序运行到这一行时，不进行调用 CUBE_TO_TABLE 程序了

3.2.2　FOLD（折合）

1. 在机器人程序中使用 FOLD 的作用

1）在 FOLD 里可以隐藏程序段。

2）FOLD 的内容对用户来说是不可见的。

3）FOLD 的内容在程序运行流程中得到处理。

4）使用 FOLD 可改善程序的可读性。

2. FOLD 应用示例

在 KUKA 控制器上，通常由系统使用准备好的 FOLD，例如在显示联机表单时，这些 FOLD 使联机表单中输入的值更为简洁明了，并为操作人员隐藏无关的程序段。

除此之外，用户（专家用户组以上）还可以创建自己的 FOLD。这些 FOLD 可以由程序员使用，使用时虽然可以通知操作人员在程序的一定位置处发生的事件，但在后台仍保持实际的 KRL 句法。

一般 FOLD 在创建后首先显示呈关闭状态。

举例：FOLD 关闭状态如图 3-17 所示。用户建立的 FOLD 的打开状态如图 3-18 所示。KUKA FOLD 的打开状态如图 3-19 所示。

图 3-17　FOLD 关闭状态

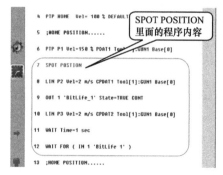

图 3-18　用户建立的 FOLD 的打开状态

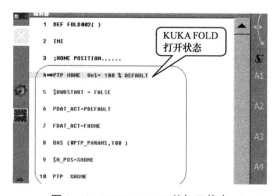

图 3-19　KUKA FOLD 的打开状态

Fold 的句法为：
;FOLD 名称
指令
;ENDFOLD

3.2.3 子程序

1. 子程序的作用

1）可以多次使用。

2）避免程序码重复。

3）节省存储空间。

4）各组成部分可单独开发。

5）随时可以更换具有相同性能的组成部分。

6）使程序结构化。

7）将总任务分解成分步任务。

8）维护和排除程序错误更为方便。

2. 子程序的应用

子程序的应用如图 3-20 所示。

```
41  HME2WAIT ( )            ;Home to Wait
42
43  IF NOT I_RETHP THEN     ;NORMAL CYCLE
44
45   IF $MODE_OP==#T1 THEN
46    INIT ( )              ;Init        工作子程序
47   ENDIF
48   pick1_1 ()
49   drop1()
50   drop_grip()
51   pick_gun()
52   weld1 ( )              ; WELD1 TASK
53   Tip_service ( )
54   drop_gun()
55   pick_grip()
56
57   ;STOP CYCLUS TIMER
58   $TIMER_STOP[1]=TRUE
59   $TIMER[6]=$TIMER[1]
60
61  ENDIF
62
63   INIT_RS ( )            ;RESET JOB_READY 1-16
64   INIT_EXT ( )           ;INIT AUTO_EXTERN
65
66  PTP HOME VEL=100 % DEFAULT
```

图 3-20 子程序的应用

3.2.4 缩进

为了便于说明程序模块之间的关系，建议在程序文本中缩进嵌套的指令列，并一行紧挨一行地写入嵌套深度相同的指令。缩进可提高程序的可读性，如图 3-21 所示。

```
235    SWITCH COLL
236
237      CASE 1
238
239       O_CREQ_1=TRUE
240       IF (LEVELRQ<>#MASTER) AND (LEVELRQ==#SLAVE) THEN
241        WAIT FOR I_CRDY_1
242          WAIT SEC 0.5
243       ENDIF
244      WAIT FOR I_CRDY_1
245      O_CREL_1=FALSE
246
247      CASE 2
248
249       O_CREQ_2=TRUE
250       IF (LEVELRQ<>#MASTER) AND (LEVELRQ==#SLAVE) THEN
251        WAIT FOR I_CRDY_2
252          WAIT SEC 0.5
253       ENDIF
254      WAIT FOR I_CRDY_2
255      O_CREL_2=FALSE
256
257    ENDSWITCH
```

图 3-21   缩进

3.2.5   合理命名

为了能够正确解释机器人程序中的数据和信号函数，在命名时要使用意义明确的名称。其中包括：

1）输入和输出信号的长文本名称。

2）工具与基坐标的名称。

3）输入和输出的信号名称。

4）点的名称。

3.2.6   创建程序流程图

程序流程图也称为程序结构图，它是在一个程序中执行某一算法的图示，描述了为完成一项任务所要进行的运算顺序。程序流程图也常用于图示过程和操作，与计算机程序无关。

与基于代码的描述相比，程序流程图提高了程序算法的易读性，通过图示可明显地便于识别结构。以后转换成程序代码时可方便地避免结构和编程错误，因为使用正确的程序流程图 PAP 时可直接转换成程序代码。同时，创建程序流程图时将得到一份待编制程序的文件。

程序流程图图标有：

1）：一个过程或程序的开始或结束。

2）：指令与运算的连接。

3）：if 分支。

4）：程序代码中的一般指令。

5）：子程序调用。

6）：输入 / 输出指令。

读者总是希望问题会逐步得到细化，直至制定出的组成部分清楚到可以转换成 KRL

程序。在依次逐步开发的过程中出现的设计方案会不断地深化细节。创建程序流程图步骤如下：

1）在约 1 至 2 页的纸上将整个流程大致地划分。

2）将总任务划分成小的分步任务。

3）大致划分分步任务。

4）细分分步任务。

5）转换成 KRL 程序。

举例：基本搬运流程图如图 3-22 所示。

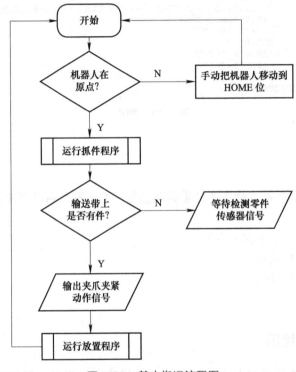

图 3-22　基本搬运流程图

3.3　用 KRL 进行运动编程

3.3.1　KRL 运动编程

运动轨迹编程的位置点除了用示教器运动指令进行常规示教编程外，还可以直接通过运动语言进行位置点编程。示教点运动指令里面的详细参数及说明如图 3-23 和表 3-1 所示。

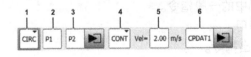

图 3-23　KRL 运动编程

表 3-1　KRL 运动编程参数说明

序　号	说　明
1	运动方式 CIRC
2	辅助点的名称，系统自动赋予一个名称。名称可以被改写
3	目标点名称，系统自动赋予一个名称。名称可以被改写
4	CONT：目标点被轨迹逼近 [空]：将精确地移至目标点
5	速度：0.001 ～ 2m/s
6	运动数据组的名称，系统自动赋予一个名称。名称可以被改写

由示教点运动指令的参数可以看出，运用 KRL 直接进行位置点编程需要具备下面的参数：

1）运动方式 PTP、LIN、CIRC。

2）目标位置，必要时还有辅助位置（CIRC 运动方式）。

3）精确暂停或轨迹逼近。

4）轨迹逼近距离。

5）速度 -PTP（%）和轨迹运动（m/s）。

6）加速度。

7）工具 -TCP 和负载。

8）工作基坐标。

9）机器人引导型或外部工具。

10）沿轨迹运动时的姿态引导。

11）圆周运动 CIRC 时的圆心角。

3.3.1.1　运动方式 PTP

1. 语法格式

PTP 目标点 <C_PTP< 轨迹逼近 >>，具体说明见表 3-2。

表 3-2　PTP 参数说明

参　数	说　明
目标点	类型：POS、E6POS、AXIS、E6AXIS、FRAME，目标点可用笛卡儿或轴坐标给定。笛卡儿坐标基于 BASE 坐标系（即基坐标系），如果未给定目标点的所有分量，则控制器将把前一个位置的值应用于缺少的分量
C_PTP	使目标点被轨迹逼近：①在 PTP-PTP 轨迹逼近中只需要 C_PTP 的参数。②在 PTP-CP 轨迹逼近中，即轨迹逼近的 PTP 语句后还跟着一个 LIN 或 CIRC 语句，则还要附加轨迹逼近的参数
轨迹逼近	仅适用于 PTP-CP 轨迹逼近。用该参数定义最早何时开始轨迹逼近。可选的参数： 1）C_DIS：距离参数（默认），轨迹逼近最早始于与目标点的距离低于 $APO.CDIS 的值时 2）C_ORI：姿态参数，轨迹逼近最早始于主导姿态角低于 $APO.CORI 的值时 3）C_VEL：速度参数，轨迹逼近最早始于朝向目标点的减速阶段中速度低于 $APO.CVEL 的值时

2. 新建位置点

机器人运动到 DAT 文件中的一个位置，该位置已事先通过联机表单示教给机器人，机器人轨迹逼近 P3 点。

新建一个程序 C_PTP_TEST.src，选定程序记录了一个 P3 的位置点，在记录了 P3 位置点之后，对应的 C_PTP_TEST.dat 文件中会生成 P3 点的位置信息，如图 3-24 和图 3-25 所示，然后就可以在 C_PTP_TEST.src 程序中编辑添加语句：PTP XP3 C_PTP，如图 3-26 所示。

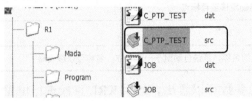

图 3-24　P3 点的位置信息 1

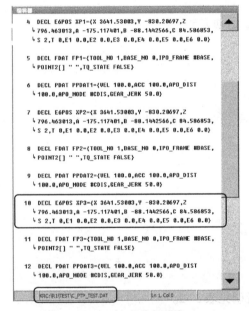

图 3-25　P3 点的位置信息 2

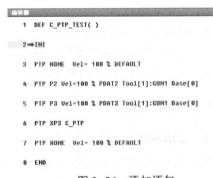

图 3-26　添加语句

3. 机器人运动到输入的位置

1）轴坐标位置（AXIS 或 E6AXIS），如图 3-27 所示。如：

PTP {A1 0, A2 -80, A3 75, A4 30, A5 30, A6 110}；把机器人各轴运动到指定的位置

2）空间位置（以当前激活的工具和基坐标），如图 3-27 所示。如：

PTP {X 100, Y -50, Z 1500, A 0, B 0, C 90, S 3, T 35}；在以当前激活的工具和基坐标下，把机器人移动到空间中指定的位置

3）机器人仅在输入一个或多个集合时运行，如图 3-28 所示。如：

PTP {A1 30}；仅 A1 移动至 30°

PTP {X 200, Y 30}；仅在 X 至 200mm，Y 至 30mm

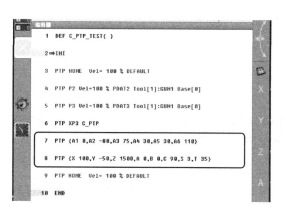

图 3-27 轴坐标位置和空间位置

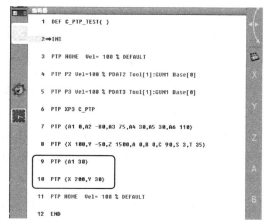

图 3-28 机器人仅在输入一个或多个集合时运行

3.3.1.2 运动方式 LIN

1. 语法格式

LIN 目标点 < 轨迹逼近 >，具体说明见表 3-3。

表 3-3 LIN 参数说明

参　数	说　明
目标点	类型：POS、E6POS、FRAME。如果未给定目标点的所有分量，则控制器将把前一个位置的值应用于缺少的分量。在 POS 或 E6POS 型的一个目标点内，有关状态和转角方向数据在 LIN 运动（以及 CIRC 运动）中被忽略。坐标值基于基坐标系（BASE）
轨迹逼近	该参数使目标点被轨迹逼近。同时用该参数定义最早何时开始轨迹逼近。可选的参数： 1）C_DIS：距离参数，轨迹逼近最早开始于与目标点的距离低于 $APO.CDIS 的值时 2）C_ORI：姿态参数，轨迹逼近最早开始于主导姿态角低于 $APO.CORI 的值时 3）C_VEL：速度参数，轨迹逼近最早开始于朝向目标点的减速阶段中速度低于 $APO.CVEL 的值时

系统变量定义近似开始的位置，具体说明见表 3-4。

表 3-4 系统变量说明

变　量	数 据 类 型	单　位	意　义	命令中的关键字
$APO.CDIS	REAL	mm	移动距离标准	C_DIS
$APO.CORI	REAL	°	方向尺寸	C_ORI
$APO.CVEL	INT	%	速度标准	C_VEL

2. 示例

机器人运动到输入位置，如图 3-29 所示。

KUKA 工业机器人编程高级教程

1）直线运动的目标坐标系编程：激活近似定位。程序如下：

LIN P3 C_DIS

2）在基本（笛卡儿）坐标系中指定目标位置。程序如下：

LIN {X 12.3, Y 100.0, Z −505.3, A 9.2, B −50.5, C 20}

3）指定目标位置的两个值。旧的分配被保留的值保留。程序如下：

LIN {Z 500, X 123.6}

4）借助于几何操作指定目标位置：由 BASE 坐标系定义的，在 TOOL 坐标系系统中 X 方向减少 30.5mm，在 Z 方向增加 20mm 到达 P1。程序如下：

LIN XP1:{X −30.5, Z 20}

5）LIN 运动到 PTP 运动，从第 2 点到第 3 点近似定位。近似定位在第 2 点前 30mm 开始。程序如下：

```
$APO.CDIS=30
$APO.CPTP=20
PTP XP1
LIN XP2 C_DIS
PTP XP3
```

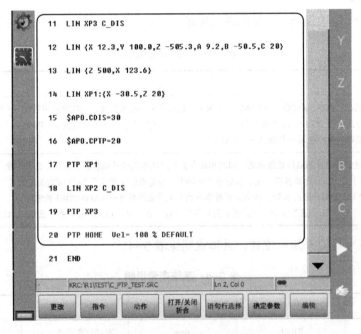

图 3-29　运动方式 LIN 示例

3.3.1.3　运行方式 CIRC

1. 语法格式

CIRC 辅助点，目标点，<CA 圆心角 >< 轨迹逼近 >，具体说明见表 3-5。

表 3-5　CIRC 参数说明

参　数	说　明
辅助点	类型：POS、E6POS、FRAME。如果未给定辅助点的所有分量，则控制器将把前一个位置的值应用于缺少的分量。一个辅助点内的姿态角以及状态和数据原则上均被忽略。不能轨迹逼近辅助点，始终精确运行到该点。坐标值基于基坐标系（BASE）
目标点	类型：POS、E6POS、FRAME。如果未给定目标点的所有分量，则控制器将把前一个位置的值应用于缺少的分量。在 POS 或 E6POS 型的一个目标点内，有关状态和转角方向数据在 CIRC 运动（以及 LIN 运动）中被忽略。坐标值基于基坐标系（BASE）
圆心角	给出圆周运动的总角度。由此可超出编程的目标点延长运动或相反缩短行程。因此使实际的目标点与编程设定的目标点不相符 单位：°。无限制，特别是一个圆心角可大于 360° 正圆心角：沿起点→辅助点→目标点方向绕圆周轨道移动 负圆心角：沿起点→目标点→辅助点方向绕圆周轨道移动
轨迹逼近	该参数使目标点被轨迹逼近。同时用该参数定义最早何时开始轨迹逼近。可选的参数： 1）C_DIS：距离参数，轨迹逼近最早开始于与目标点的距离低于 $APO.CDIS 的值时 2）C_ORI：姿态参数，轨迹逼近最早开始于主导姿态角低于 $APO.CORI 的值时 3）C_VEL：速度参数，轨迹逼近最早开始于朝向目标点的减速阶段中速度低于 $APO.CVEL 的值时

2. 示例

1）机器人运动到 DAT 文件中的一个位置，该位置已事先通过联机表单示教给机器人，机器人运行一段对应 190° 圆心角的弧段。程序如下：

```
CIRC XP3, XP4, CA 190
```

2）圆心角 CA。在编程设定的目标点示教的姿态被应用于实际目标点。

① 正圆心角（CA>0）沿着编程设定的转向做圆周运动：起点→辅助点→目标点，如图 3-30 所示。

② 负圆心角（CA<0）逆着编程设定的转向做圆周运动：起点→目标点→辅助点。如图 3-31 所示。

 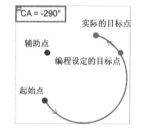

图 3-30　圆心角 CA=+290°　　　图 3-31　圆心角 CA=-290°

③ 示教器编程。如图 3-32 所示。

图 3-32　示教器编程

3.3.1.4 运动参数的功能

1. 运动编程的预设置

1）应用现有的设置。

① 从 INI 行的运行中。

② 从最后一个联机表单中。

③ 从相关系统变量的最后设置中。

2）更改或初始化相关的系统变量。

2. 运动参数的系统变量（图 3-33）

1）工具：$TOOL 和 $LOAD。

① 激活所测量的 TCP：

$TOOL = tool_data[x]；x = 1,…, 16

② 激活所属的负载数据：

$LOAD = load_data[x]；x = 1,…, 16

2）参考基坐标 / 工作基坐标：$BASE。

激活所测量的基坐标：

$BASE = base_data[x]；x = 1,…, 16

```
26   $TOOL= tool_data[1]

27   $LOAD = load_data[2]

28   $BASE = base_data[3]
```

图 3-33　运动参数的系统变量

3. 机器人引导型或外部工具：$IPO_MODE（图 3-34）

1）机器人引导型工具：

$IPO_MODE = #BASE

2）外部工具：

$IPO_MODE = #TCP

```
30   $IPO_MODE = #BASE

31   $IPO_MODE = #TCP
```

图 3-34　$IPO_MODE

4. 速度（图 3-35）

编程路径在 TCP 的速度和加速度说明见表 3-6。

表 3-6　编程路径在 TCP 的速度和加速度说明

	变　量	数 据 类 型	单　位	功　能
速度	$VEL.CP	REAL	m/s	移动速度（路径速度）
	$VEL.ORI1	REAL	°/s	旋转速度
	$VEL.ORI2	REAL	°/s	转动速度
加速度	$ACC.CP	REAL	m/s²	路径加速度
	$ACC.ORI1	REAL	°/s²	旋转加速度
	$ACC.ORI2	REAL	°/s²	转动加速度

1）进行 PTP 运动：

　　$VEL_AXIS[x] = 50；x=1,…, 8，针对每根轴

2）进行轨迹运动 LIN 或 CIRC：

　　$VEL.CP = 2.0；轨迹速度，单位 m/s
　　$VEL.ORI1 = 150；回转速度，单位°/s
　　$VEL.ORI2 = 200；转速，单位°/s

```
33   $VEL_AXIS[1] = 50

34   $VEL.CP = 2.0 ; m/s

35   $VEL.ORI1 = 150 ; ^/s

36   $VEL.ORI2 = 200 ; ^/s
```

图 3-35　速度

在大多数情况下，工具的作业方向是 X 轴方向，转速是指以角度 C 绕 X 轴旋转的速度，回转速度则是指绕其他两个角度（A 和 B）回转的速度。

5. 加速度（图 3-36）

1）进行 PTP 运动时：

　　$ACC_AXIS[x]；x=1,…, 8，针对每个轴

2）进行轨迹运动 LIN 或 CIRC：

　　$ACC.CP = 2.0；轨迹加速度，单位 m/s
　　$ACC.ORI1 = 150；回转加速度，单位°/s
　　$ACC.ORI2 = 200；转动加速度，单位为°/s

```
38   $ACC_AXIS[3] = 50

39   $ACC.CP = 2.0 ; m/s

40   $ACC.ORI1 = 150 ; ^/s

41   $ACC.ORI1 = 150 ; ^/s
```

图 3-36　加速度

6. 圆滑过渡距离（图3-37～图3-39）

1）仅限进行 PTP 运动时，C_PTP：

> PTP XP3 C_PTP
> $APO.CPTP = 50；C_PTP 的轨迹逼近大小，单位为 %

2）进行轨迹运动 LIN、CIRC 和 PTP 时，C_DIS 与目标点的距离必须低于 $APO.CDIS 的值：

> PTP XP3 C_DIS
> LIN XP4 C_DIS
> $APO.CDIS = 250.0；距离，单位为 mm

```
47  PTP XP3 C_DIS
48  LIN XP4 C_DIS
49  $APO.CDIS = 250 ; mm
```

图 3-37　圆滑过渡距离 1

3）进行轨迹运动 LIN、CIRC 时：C_ORI。主导姿态角必须低于 $APO.CORI 的值：

> LIN XP4 C_ORI
> $APO.CORI = 50.0；角度，单位°

```
51  LIN XP4 C_ORI
52  $APO.CORI = 50
```

图 3-38　圆滑过渡距离 2

4）进行轨迹运动 LIN、CIRC 时：C_VEL。在驶向目标点的减速阶段中速度必须低于 $APO.CVEL 的值：

> LIN XP4 C_VEL
> $APO.CVEL = 75.0；百分数，单位 %

```
54  LIN XP4 C_VEL
55  $APO.CVEL = 75
```

图 3-39　圆滑过渡距离 3

7. 姿态引导：仅限进行 LIN 和 CIRC（图3-40）

在进行轨迹运动期间姿态保持不变。对于结束点来说，编程设定的姿态即被忽略，如图 3-41 所示稳定的方向导引。

```
57  $ORI_TYPE = #CONSTANT
58  $ORI_TYPE = #VAR
59  $ORI_TYPE = #JOINT
```

图 3-40　姿态引导：仅限进行 LIN 和 CIRC

1）进行 LIN 和 CIRC 时，$ORI_TPYE：

$ORI_TYPE＝#CONSTAN

2）在进行轨迹运动期间，姿态会根据目标点的姿态不断地自动改变，如图 3-42 所示标准或手动 PTP。

$ORI_TYPE＝#VAR

图 3-41　稳定的方向导引　　　　　　图 3-42　标准或手动 PTP

3）在进行轨迹运动期间，工具的姿态从起始位置至终点位置不断地被改变。这是通过手轴角度的线性超控引导来实现的。手轴奇点问题可通过该选项予以避免，因为绕工具作业方向旋转和回转不会进行姿态引导。如图 3-42 所示。

$ORI_TYPE＝#JOINT

8. 仅限于 CIRC：$CIRC_TPYE（图 3-43）

 61 $CIRC_TYPE = #PATH

62 $CIRC_TYPE = #BASE

图 3-43　仅限于 CIRC：$CIRC_TPYE

1）如果通过 $ORI_TYPE=#JOINT 进行手轴角度的超控引导，则变量 $CIRC_TYPE 就没有意义了。如：

$CIRC_TYPE＝#PATH

2）圆周运动期间以轨迹为参照的姿态引导，如图 3-44 所示恒定姿态，以轨迹为参照。如：

图 3-44　恒定姿态，以轨迹为参照

$CIRC_TYPE＝#BASE

3）圆周运动期间以空间为参照的姿态引导，如图 3-45 所示的恒定姿态，以基坐标为参照。

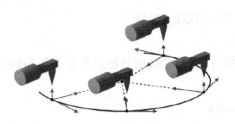

图 3-45　恒定姿态，以基坐标为参照

3.3.1.5　用 KRL 给运动编程时的操作步骤

1）用专家权限打开程序编辑器。

2）检查、应用或重新初始化运动编程的预设定值：工具（\$TOOL 和 \$LOAD）、基坐标设置（\$BASE）、机器人引导型或外部工具（\$IPO_MODE）、速度、加速度，以及轨迹逼近距离、姿态引导。

3）创建由以下部分组成的运动指令：运动方式（PTP、LIN、CIRC）、目标点（采用 CIRC 时还有辅助点），采用 CIRC 时可能还有圆心角（CA）、激活轨迹逼近（C_PTP、C_DIS、C_ORI、C_VEL）。

4）重新运动时返回步骤 3）。

5）关闭编辑器并保存。

3.3.2　借助 KRL 给相对运动编程

相对运动是 REL 指令始终针对机器人的当前位置。因此，当一个 REL 运动中断时，机器人将从中断位置出发再进行一个完整的 REL 运动。

1）绝对运动：PTP {A3 45}，如图 3-46 所示。借助绝对值运动至目标位置。在此，轴 A3 定位于 45°。

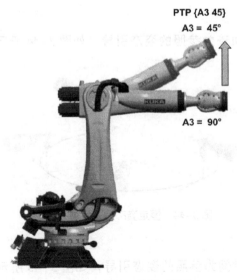

图 3-46　轴 A3 的绝对运动

2）相对运动：PTP_REL {A3 45}，如图 3-47 所示。从目前的位置继续移动给定的值，运动至目标位置。在此，轴 A3 继续转过 45°。

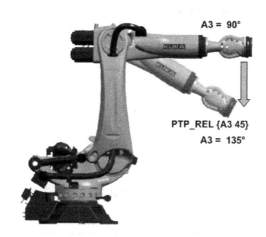

图 3-47　轴 A3 的相对运动

3.3.2.1　相对运动 PTP_REL

1. 语法格式

PTP_REL 目标点 <C_PTP>< 轨迹逼近 >，具体说明见表 3-7。

表 3-7　PTP_REL 参数说明

参　数	说　明
目标点	1）类型：POS、E6POS、AXIS、E6AXIS 2）目标点可用笛卡儿或轴坐标给定。控制器将坐标解释为相对于当前位置的坐标。笛卡儿坐标基于 BASE 坐标系（即基坐标系） 3）如果未给定目标点的所有分量，则控制器将缺少的分量值设置为 0，即这些分量的绝对值保持不变
C_PTP	1）使目标点被轨迹逼近 2）在 PTP-PTP 轨迹逼近中，只需 C_PTP 的参数。在 PTP-CP 轨迹逼近中，即轨迹逼近的 PTP 语句后还跟着一个 LIN 或 CIRC 语句，则还要附加轨迹逼近的参数
轨迹逼近	仅适用于 PTP-CP 轨迹逼近。用该参数定义最早何时开始轨迹逼近。可选的参数： 1）C_DIS：距离参数（默认），轨迹逼近最早开始于与目标点的距离低于 $APO.CDIS 的值时 2）C_ORI：姿态参数，轨迹逼近最早开始于主导姿态角低于 $APO.CORI 的值时 3）C_VEL：速度参数，轨迹逼近最早开始于朝向目标点的减速阶段中速度低于 $APO.CVEL 的值时

2. 示例

1）轴 2 沿负方向移动 30°，其他轴都不动。程序如下：

PTP_REL {A2 -30}

2）机器人从当前位置沿 X 轴方向移动 100mm，沿 Z 轴负方向移动 200mm。Y、A、B、C 和 S 保持不变。T 将根据最短路径加以计算。程序如下：

PTP_REL {X 100, Z -200}

3）PTP–PTP 近似定位从 1 点到 2 点且 PTP–CIRC 近似定位从 2 点到 3 点。当主要的轴在剩余的角度低于在 $APO_DIS_PTP[No] 中规定的角度最大值的 40% 时，近似定位开始，路径位分别到达 1 点和 2 点。程序如下：

```
$APO.CDIS=30
$APO.CPTP=40
PTP POINT1 C_PTP
PTP_REL POINT2
CIRC AUX_POINT, POINT3
```

3.3.2.2 相对运动 LIN_RE

1. 语法格式

LIN_REL 目标点 < 轨迹逼近 ><#BASE/#TOOL>，具体说明见表 3–8。

表 3–8 LIN_REL 参数说明

参 数	说 明
目标点	1）类型：POS、E6POS、FRAME 2）目标点必须用笛卡儿坐标给出。控制器将坐标解释为相对于当前位置的坐标。笛卡儿坐标可以基于 BASE 坐标系或者工具坐标系 3）如果未给定目标点的所有分量，则控制器自动将缺少的分量值设置为 0，即这些分量的绝对值保持不变 4）进行 LIN 运动时会忽略在 POS 型或 E6POS 型目标点之内的状态和转角方向数据
轨迹逼近	该参数使目标点被轨迹逼近。同时用该参数定义最早何时开始轨迹逼近。可选的参数： 1）C_DIS：距离参数，轨迹逼近最早开始于与目标点的距离低于 $APO.CDIS 的值时 2）C_ORI：姿态参数，轨迹逼近最早开始于主导姿态角低于 $APO.CORI 的值时 3）C_VEL：速度参数，轨迹逼近最早开始于朝向目标点的减速阶段中速度低于 $APO.CVEL 的值时
#BASE/#TOOL	1）#BASE：默认设置。目标点的坐标基于 BASE 坐标系（即基坐标系） 2）#TOOL：目标点的坐标基于工具坐标系 参数 #BASE 或 #TOOL 仅在其所属的 LIN_REL 指令有效。它对之后的指令不起作用

2. 示例

1）TCP 从当前位置沿基坐标系中的 X 轴方向移动 100mm，沿 Z 轴负方向移动 200mm。Y、A、B、C 和 S 保持不变。T 则从运动中得出。程序如下：

```
LIN_REL {X 100, Z –200} ; #BASE 为默认设置
$BASE = BASE_DATA[2]
LIN_REL {X 100, Z –200} #BASE ; #BASE 为 2 号基坐标
```

2）TCP 从当前位置沿工具坐标系中的 X 轴负方向移动 100mm。Y、Z、A、B、C 和 S 保持不变。T 则从运动中得出。以下示例用于使工具沿作业方向的反向运动。前提是已经在 X 轴方向测量过工具作业方向。

```
LIN_REL {X –100} #TOOL
```

3）LIN–LIN 近似定位从 1 点到 2 点，LIN–CIR 近似定位从 2 点到 3 点。当速度减少到 0.3m/s（0.9m/s 的 30%）时，近似定位从 1 点开始。近似定位轮廓在 2 点前 20mm 开始。程序如下：

```
$VEL.CP=0.9
$APO.CVEL=30
$APO.CDIS=20
LIN POINT1 C_VEL
LIN_REL POINT2 C_DIS
CIRC AUX_POINT, POINT3
```

3.3.2.3　相对运动 CIRC_REL

1. 语法格式

CIRC_REL 辅助点，目标点 <CA 圆心角 >< 轨迹逼近 >，具体说明见表 3-9。

表 3-9　CIRC_REL 参数说明

参　数	说　明
辅助点	1）类型：POS、E6POS、FRAME 2）辅助点必须用笛卡儿坐标给出。控制器将坐标解释为相对于当前位置的坐标。坐标值基于基坐标系（BASE） 3）如果给出 $ORI_TYPE、状态和 / 或转角方向，则会忽略这些数值
目标点	1）类型：POS、E6POS、FRAME 2）目标点必须用笛卡儿坐标给出。控制器将坐标解释为相对于当前位置的坐标。坐标值基于基坐标系（BASE） 3）如果未给定目标点的所有分量，则控制器将缺少的分量值设置为 0，即这些分量的绝对值保持不变 4）忽略在 POS 型或 E6POS 型目标点之内的状态和转角方向数据
圆心角	1）给出圆周运动的总角度。由此可超出编程的目标点延长运动或相反缩短行程。因此使实际的目标点与编程设定的目标点不相符 2）单位：°。没有上限，尤其是可以编程设定圆心角大于 360° 3）正圆心角：沿起点→辅助点→目标点方向绕圆周轨道移动 4）负圆心角：沿起点→目标点→辅助点方向绕圆周轨道移动
轨迹逼近	该参数使目标点被轨迹逼近，同时用该参数定义最早何时开始轨迹逼近。可选的参数： 1）C_DIS：距离参数，轨迹逼近最早开始于与目标点的距离低于 $APO.CDIS 的值时 2）C_ORI：姿态参数，轨迹逼近最早开始于主导姿态角低于 $APO.CORI 的值时 3）C_VEL：速度参数，轨迹逼近最早开始于朝向目标点的减速阶段中速度低于 $APO.CVEL 的值时

2. 示例

1）在目标坐标系辅助编程的圆弧运动：运动目标点的范围是圆弧角 500°，近似定位被激活。程序如下：

```
CIRC_REL {X 100, Y 3.2, Z −20},{Y 50}, CA 500 C_VEL
```

2）LIN-CIRC 从第一点到第二点的近似定位和 CIRC- CIRC 从第二点到第三点的近似定位。当速率减少到 6m/s（1.2m/s 的 50%）近似定位从第一点开始。近似定位第二点从第二点前 20mm 开始。程序如下：

```
$VEL.CP=1.2
$APO.CVEL=50
$APO.CDIS=20
LIN POINT1 C_VEL
CIRC_REL AUX_POINT,POINT2 C_DIS
CIRC AUX_POINT,POINT3
```

以上指令在示教器中的程序如图 3-48 和图 3-49 所示。

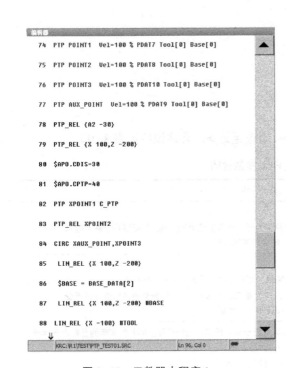

图 3-48 示教器中程序 1

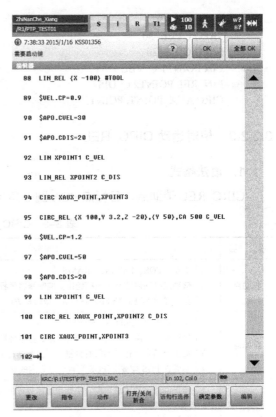

图 3-49 示教器中程序 2

3.3.2.4 用 KRL 给相对运动编程时的操作步骤

1）用专家权限打开程序编辑器。

2）检查、应用或重新初始化运动编程的预设定值：工具（$TOOL 和 $LOAD）、基坐标设置（$BASE）、机器人引导型或外部工具（$IPO_MODE）、速度、加速度，以及轨迹逼近距离、姿态引导。

3）创建由以下部分组成的运动指：运动方式（PTP_REL、LIN_REL、CIRC_REL）、目标点（采用 CIRC 时还有辅助点），采用 LIN 时选择参照系（#BASE 或 #TOOL），采用 CIRC 时可能还有圆心角（CA）、激活轨迹逼近（C_PTP、C_DIS、C_ORI、C_VEL）。

4）重新运动时返回步骤 3）。

5）关闭编辑器并保存。

3.3.3 计算或操纵机器人位置

1. 机器人的目标位置

1）使用以下几种结构存储：

① AXIS/E6AXIS：轴角（A1,…,A6，也可能是 E1,…,E6）。

② POS/E6POS：位置（X，Y，Z）、姿态（A，B，C）以及状态和转角方向（S，T）。

③ FRAME：仅位置（X，Y，Z）、姿态（A，B，C）。

2）可以操纵 DAT 文件中的现有位置。

3）现有位置上的单个集合可以通过点号有针对性地加以更改。

4）计算时必须注意正确的工具和基坐标设置，然后在编程运动时加以激活。不注意这些设置可能导致运动异常和碰撞。

2. 重要的系统变量

1）$POS_ACT：当前的机器人位置。变量（E6POS）指明 TCP 基于基坐标系的额定位置。

2）$AXIS_ACT：基于轴坐标的当前机器人位置（额定值）。变量（E6AXIS）包含当前的轴角或轴位置。

3. 计算绝对目标位置

1）一次性更改 DAT 文件中的位置。如：

```
XP1.x = 450 ; 新的 X 值 450mm
XP1.z = 30*distance ; 计算新的 Z 值 PTP XP1
```

2）每次循环时都更改 DAT 文件中的位置。如：

```
XP2.x = XP2.x + 450 ; X 值每次推移 450mm
PTP XP2
```

3）位置被应用，并保存在一个变量中。如：

```
myposition = XP3
myposition.x = myposition.x + 100 ; 给 x 值加上 100mm
myposition.z = 10*distance ; 计算新的 z 值
myposition.t = 35 ; 设置转角方向值
PTP XP3 ; 位置未改变
PTP myposition ; 计算出的位置
```

第 4 章

变量和协定

4.1 KRL 中的数据保存

1. 变量概述

使用 KRL 对机器人进行编程时，变量就是在机器人程序进程的运行过程中出现的计算值（"数值"）的容器，类似于 ABB 机器人中的数据类型。变量具有如下特性：

1）每个变量都在计算机的存储器中有一个专门指定的地址。

2）每个变量都有一个非 KUKA 关键词的名称。

3）每个变量都属于一个专门的数据类型。

4）在使用前必须声明数据类型。

5）在 KRL 中，变量分为局部变量和全局变量。

2. KRL 中变量的生存期

生存期是指变量预留存储空间的时间段。具有如下特性：

1）运行时间变量在退出程序或者函数时重新释放存储位置。

2）数据列表中的变量持续获得存储位置中的当前值。

3. KRL 中变量的有效性

1）声明为局部变量时只能在本程序中可用、可见。

2）全局变量则在中央（全局）数据列表中创建。

3）全局变量也可以在局部数据中创建，并在声明时配上关键词 global（全局）。

变量的命名规范：

①长度最多允许 24 个字符。

②允许包含字母（A～Z）、数字（0～9）以及特殊字符 "_" 和 "$"。

③不允许以数字开头。

④不允许为关键词。

⑤不区分大小写。

4. KRL 的数据类型

数据类型是对某一集合中对象的统称。有简单数据类型、复杂数据类型和 KUKA 系统数据类型三种。

（1）简单数据类型 见表 4-1。

表 4-1 简单数据类型

简单数据类型	整 数	实 数	布 尔 数	单 个 字 符
关键词	INT	REAL	BOOL	CHAR
数值范围	$-2^{31} \sim (2^{31}-1)$	$\pm 1.1 \times 10^{-38} \sim \pm 3.4 \times 10^{+38}$	TRUE/FALSE	ASCII 字符集
示例	-199 或 56	-0.0000123 或 3.14	TRUE 或 FALSE	A 或 q 或 7

（2）复杂数据类型

1）数组 /Array。如：

Voltage[10] = 12.75

Voltage[11] = 15.59

说明如下：

① 借助中括号 [ ] 保存相同数据类型的多个变量。

② 初始化或者更改数值均借助中括号 [ ] 进行。

③ 最大数组的大小取决于数据类型所需的存储空间大小。

2）枚举数据类型（ENUM）。如：

color = #red

特点如下：

① 枚举类型的所有值在创建时会用名称进行定义。

② 系统会规定顺序。

③ 参数的最大数量取决于存储位置的大小。

3）复合数据类型 / 结构。如：

Date = {day 14, month 12, year 1996}

特点如下：

① 由不同数据类型的数据项组成的复合数据类型。

② 这些数据项可以由简单的数据类型组成，也可以由结构组构成。

③ 各个数据项均可以单独存取。

（3）KUKA 系统数据

系统数据类型有

1）枚举数据类型的系统数据类型，例如运行方式 $MODE_OP。

2）结构数据类型的系统数据类型，例如日期 / 时间 $DATE。

系统信息可从 KUKA 系统变量中获得：

1）读取当前的系统信息。

2）更改当前的系统配置。

3）已经预定义好并以"$"字符开始，如 $POS_ACT（当前机器人位置）。

5. 数据类型的生存期 / 有效性

所有数据类型在程序中的具体生存期和有效性有以下几种情况：

（1）运行时间变量　在 src 文件中创建的变量被称为运行时间变量。其特性如下：

1）不能被一直显示。

2）仅在声明的程序段中有效。

3）在到达程序的最后一行（END 行）时重新释放存储位置。

（2）局部 dat 文件中的变量　其特性如下：

1）在相关 src 文件的程序运行时可以一直被显示。

2）在完整的 src 文件中可用，在局部的子程序中也可用。

3）可创建为全局变量。

4）获得 dat 文件中的当前值，重新调用时从所保存的值开始。

（3）系统文件 $config.dat 中的变量　其特性如下：

1）在所有程序中都可用（全局）。

2）即使没有程序在运行，也始终可以被显示。

3）获得 $config.dat 文件中的当前值。

6. 变量的双重声明

变量的声明有不同的方式，可以分别声明在 src 文件、局部 dat 文件、系统文件 $config.dat 中，一个变量若在这三个文件中都可以被声明，就会出现双重声明。其特性如下：

1）双重声明始终出现在使用相同的字符串（名称）时。

2）如果在不同的 src 或 dat 文件中使用相同的名称，则不属于双重声明。

3）在同一个 src 和 dat 文件中进行双重声明是不允许的，并且会生成错误信息。

4）在 src 或 dat 文件及 $config.dat 中允许双重声明。

5）运行已定义好变量的程序时，只会更改局部值，而不会更改 $config.dat 中的值。

6）运行"外部"程序时只会调用和修改 $config.dat 中的值。

4.2 简单数据类型

简单数据类型说明：

1）整数（INT）：用于计数循环或件数计数器的计数变量。

2）实数（REAL）：为了避免四舍五入出错的运算结果。

3）布尔数（BOOL）："是"/"否"结果。

4）单个字符（CHAR）：仅一个字符，字符串或文本只能作为 CHAR 数组来实现。

4.2.1 变量的声明

变量在使用之前必须对其进行声明，然后才可以使用。声明变量要遵守的规则和注意事项如下：

1. 建立变量

1）在使用前必须先进行声明。

2）每一个变量均划归一种数据类型。

3）命名时要遵守命名规范。

4）声明的关键词为 DECL。

5）四种简单数据类型关键词 DECL 可省略。

6）用预进指针赋值。

7）变量声明可以在下面文件中进行，从中可得出相应变量的生存期和有效性。

① 在 src 文件中声明。

② 在局部 dat 文件中声明。

③ 在 $config.dat 中声明。

④ 在局部 dat 文件中声明全局变量，需配上关键词"GOLBAL"。

2. 创建常量

1）常量用关键词 CONST 建立。

2）常量只允许在数据列表中建立。

4.2.2 变量声明的原理

1. src 文件中的程序结构

变量在 src 文件中声明需要遵守程序结构的格式和规则。

1）在声明部分必须声明变量。

2）初始化部分从第一个赋值开始，一般都是从"INI"行开始。

3）在指令部分可赋值或更改值。如：

```
DEF main( )
;声明部分
  ⋮
;初始化部分
INI
PTP HOME Vel=100% DEFAULT
END
```

2. 更改标准窗口

变量声明时需要切换到声明的标准窗口，这样才能找到声明变量的位置。

1）只有登录专家或以上权限才能使 DEF 行显示。

2）必须在模块内"INI"行前进入声明部分。

3）在将变量传递到子程序中时能够看到 DEF 和 END 行。

3. 计划变量声明

根据程序编程需要，提前规划变量所保存数据的时间，以及变量的使用范围（局部或全局）。

（1）规定生存期

1）src 文件：程序运行结束时，变量值不保持。

2）dat 文件：在程序运行结束后变量还保持着。

（2）规定有效性 / 可用性

1）在局部 src 文件中，仅在程序中被声明的地方可用。因此变量仅在局部 DEF 和 END 行之间可用（主程序或局部子程序）。

2）在局部 dat 文件中，在整个程序中有效，即在所有的局部子程序中也有效。

3）$config.dat 全局可用，即在所有程序中都可以读写。

4）在局部 dat 文件中作为全局变量，全局可用，只要为 dat 文件指定关键词 PUBLIC 并在声明时再另外指定关键词 GOLBAL，就在所有程序中都可以读写。

（3）命名和声明注意事项

1）使用 DECL，以使程序便于阅读。

2）使用可让人一目了然的合理变量名称。

3）不要使用晦涩难懂的名称或缩写。

4）使用合理的名称长度，即不要每次都使用 24 个字符。

4.2.3 简单数据类型变量声明的操作步骤

1. 在 src 文件中创建变量

1）使用专家用户组权限。

2）使 DEF 行显示出来，如图 4-1 所示。

3）在编辑器中打开 src 文件。

4）声明变量。

5）关闭并保存程序。

图 4-1　使 DEF 行显示出来

2. 在 dat 文件中创建变量

1）使用专家用户组权限。

2）在编辑器中打开 dat 文件，如图 4-2 所示。

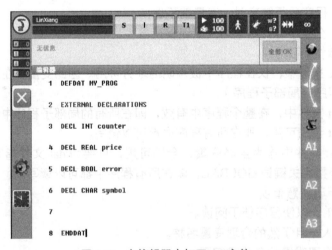

图 4-2　在编辑器中打开 dat 文件

3）声明变量。

4）关闭并保存数据列表。

图 4-1、图 4-2 在程序 MY_PROG 的 src 文件和 dat 文件中同时定义了相同的整数 counter、实数 price、布尔量 error、字符 symbol 四个基本变量，将会出现双重定义的错误，如图 4-3 所示。

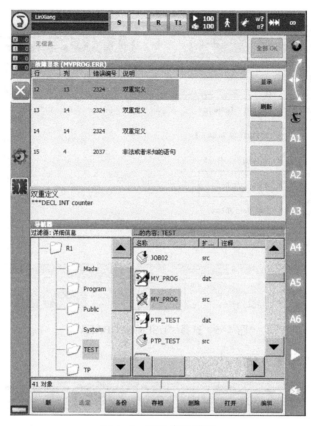

图 4-3　双重定义错误

3. 在 $config.dat 中创建变量

1）使用专家用户组权限。

2）在编辑器中打开 System（系统）文件夹中的 $config.dat，如图 4-4 所示。

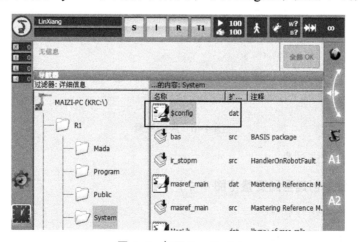

图 4-4　打开 $config.dat

3）选择 Fold "USER GLOBALS"，然后用软键"打开/关闭折合"将其打开。如

图 4-5 所示。

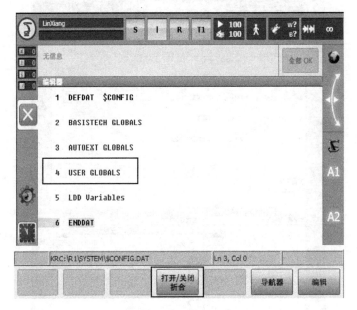

图 4-5　选择 "USER GLOBALS"

4）声明变量，如图 4-6 所示。

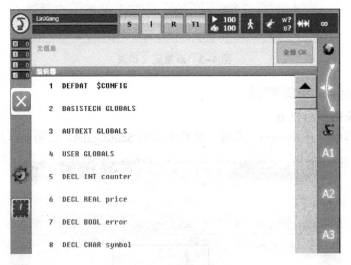

图 4-6　声明变量

5）关闭并保存数据列表。

4. 在 dat 文件中创建全局变量（图 4-7）

1）使用专家用户组权限。

2）在编辑器中打开 dat 文件。

3）通过关键词 PULIC 扩展程序头中的数据列表。

4）声明变量。

5）关闭并保存数据列表。

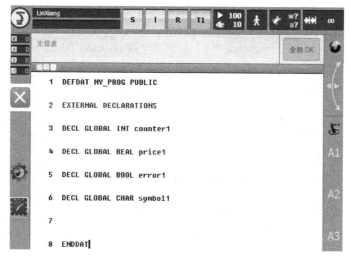

图 4-7　在 dat 文件中创建全局变量

4.2.4　简单数据类型变量的初始化

1. KRL 初始化说明

1）每次声明后变量都只预留一个存储位置，值总是无效值。

2）在 src 文件中，声明和初始化始终在两个独立的行中进行。

3）在 dat 文件中，声明和初始化始终在一行中进行，常量必须在声明时立即初始化。

4）初始化从第一次赋值开始。

2. 初始化的方法

整数的初始化方法为进制转换，见表 4-2。

表 4-2　进制转换

二进制	25		24		23		22		21		20	
十进制	32		16		8		4		2		1	
十六进制	1	2	3	4	5	6	7	8	9	10	A	B	C	D	E	F
十进制	1	2	3	4	5	6	7	8	9	10	11	12	13	14	15	16

1）初始化为十进制数，如：

　　value = 58

2）初始化为二进制数，如：

　　value = 'B111010'
　　计算：1*32+1*16+1*8+0*4+1*2+0*1 = 58

3）初始化为十六进制数，如：

　　value = 'H3A'
　　计算：3*16 +10 = 58

3. 初始化的操作步骤

1）在 src 文件中声明和初始化，如图 4-8 所示。

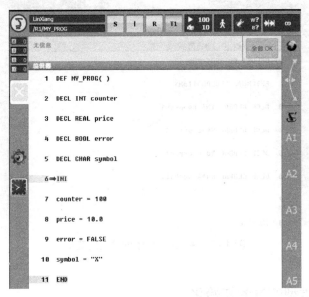

图 4-8　在 src 文件中声明和初始化

① 在编辑器中打开 src 文件。

② 已声明完毕。

③ 执行初始化。

④ 关闭并保存程序。

2）在 dat 文件中声明和初始化，如图 4-9 所示。

① 在编辑器中打开 dat 文件。

② 已声明完毕。

③ 执行初始化。

④ 关闭并保存数据列表。

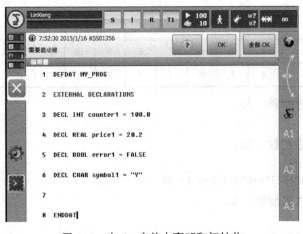

图 4-9　在 dat 文件中声明和初始化

3）在 dat 文件中声明和在 src 文件中初始化（图 4-10）。

① 在编辑器中打开 dat 文件。

② 进行声明。

③ 关闭并保存数据列表。

④ 在编辑器中打开 src 文件。

⑤ 执行初始化。

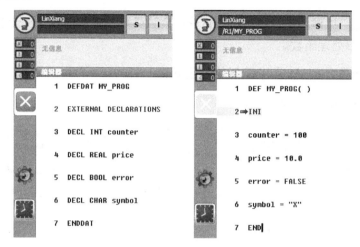

图 4-10　在 dat 文件中声明和在 src 文件中初始化

4）常量的声明和初始化（图 4-11）。

① 在编辑器中打开 dat 文件。

② 进行声明和初始化。

③ 关闭并保存数据列表。

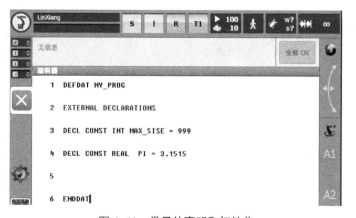

图 4-11　常量的声明和初始化

4.2.5　KRL 简单数据类型变量的编程

根据具体任务，可以以不同方式在程序进程（src 文件）中改变变量值。以下介绍最常用的方法。也可借助位运算和标准函数进行操纵。

1. 进行数据操纵的途径

1）基本运算类型：+（加法）、-（减法）、*（乘法）、/（除法）、比较运算、==（相同 / 等于）、<>（不同）、>（大于）、<（小于）、>=（大于等于）、<=（小于等于）。

2）逻辑运算：NOT（反向）、AND（逻辑"与"）、OR（逻辑"或"）、EXOR（异或）。

3）位运算：B_NOT（按位取反运算）、B_AND（按位与）、B_OR（按位或）、B_EXOR（按位异或）。

4）标准函数：绝对函数、根函数、正弦和余弦函数、正切函数、反余弦函数、反正切函数、多种字符串处理函数。

2. 使用数据类型 REAL 和 INT 时的数值更改

1）四舍五入，如图 4-12 所示。

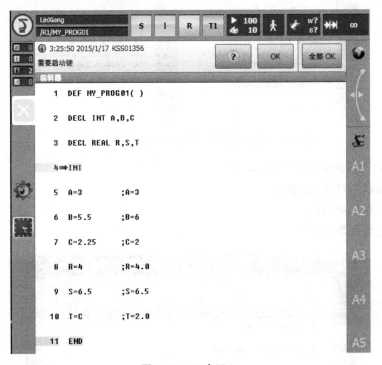

图 4-12　四舍五入

图 4-12 中程序说明如下：

```
;声明
DECL INT A,B,C
DECL REAL R,S,T
;初始化
A = 3      ; A=3
B = 5.5    ; B=6
C = 2.25   ; C=2
R = 4      ; R=4.0
S = 6.5    ; S=6.5
T = C      ; T=2.0
```

2）数学运算结果（+、−、*），如图 4-13 所示。

INT=INT（+、−、*、/）INT

INT=INT（+、−、*、/）REAL

REAL=INT（+、−、*、/）INT

REAL=REAL（+、−、*、/）REAL

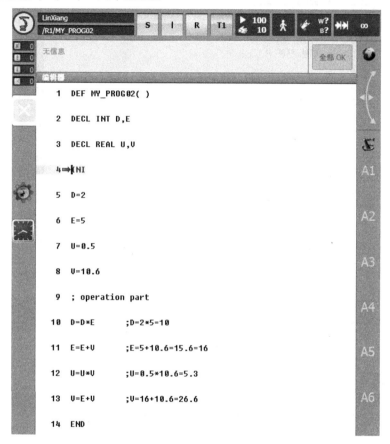

图 4-13　加减乘法

图 4-13 中程序说明如下：

```
; 声明
DECL INT D,E
DECL REAL U,V
; 初始化
D = 2
E = 5
U = 0.5
V = 10.6
; 指令部分（数据操纵）
D = D*E ; D = 2 * 5 = 10
E = E+V ; E= 5 + 10.6 = 15.6，15.6 四舍五入，E=16
U = U*V ; U= 0.5 * 10.6 = 5.3
V = E+V ; V= 16 + 10.6 = 26.6
```

3）数学运算结果（/），如图4-14所示。

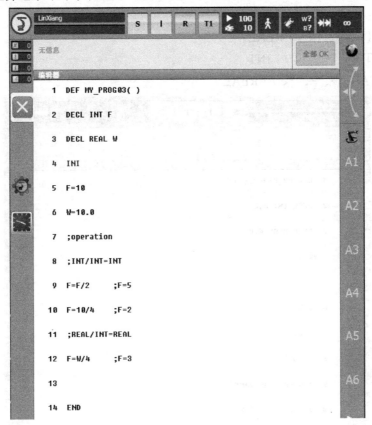

图4-14　除法

使用整数值运算时的特点：

① 纯整数运算的中间结果会去掉所有小数位。

② 给整数变量赋值时会根据一般计算规则对结果进行四舍五入。

图4-14中程序说明如下：

```
; 声明
DECL INT F
DECL REAL W
; 初始化
F = 10
W = 10.0
; 指令部分（数据操纵）
; INT / INT = INT
F = F/2 ; F=5
F = 10/4 ; F=2（10/4 = 2.5，省去小数点后面的尾数）
; REAL / INT = REAL
F = W/4 ; F=3（10.0/4=2.5，四舍五入为整数）
W = W/4 ; W=2.5
```

3. 比较运算

通过比较运算可以构成逻辑表达式。比较结果始终是 BOOL 数据类型。比较运算符说明见表 4-3。

表 4-3　比较运算符说明

运算符（KRL）	说　　明	允许的数据类型
==	等于 / 相等	INT、REAL、CHAR、BOOL
<>	不等	INT、REAL、CHAR、BOOL
>	大于	INT、REAL、CHAR
<	小于	INT、REAL、CHAR
>=	大于等于	INT、REAL、CHAR
<=	小于等于	INT、REAL、CHAR

示例：

; 声明
DECL BOOL G,H
; 初始化 / 指令部分
G = 10>10.1 ; G=FALSE
H = 10/3 == 3 ; H=TRUE
G = G<>H ; G=TRUE

4. 逻辑运算

通过逻辑运算可以构成逻辑表达式。这种运算的结果始终是 BOOL 数据类型。逻辑运算见表 4-4。

表 4-4　逻辑运算

运　　算		NOT A	A AND B	A OR B	A EXOR B
A=TRUE	B=TRUE	FALSE	TRUE	TRUE	FALSE
A=TRUE	B=FALSE	FALSE	FALSE	TRUE	TRUE
A=FALSE	B=TRUE	TRUE	FALSE	TRUE	TRUE
A=FALSE	B=FALSE	TRUE	FALSE	FALSE	FALSE

示例：

; 声明
DECL BOOL K,L,M
; 初始化 / 指令部分
K = TRUE
L = NOT K ; L=FLASE
M = (K AND L) OR (K EXOR L) ; M=TRUE
L = NOT (NOT K) ; L=TRUE

5. 运算的优先级顺序

运算的优先级顺序见表 4-5。

表 4-5　运算的优先级顺序

优 先 级	运 算 符
1	NOT（B_NOT）
2	乘（*）；除（/）
3	加（+），减（-）
4	AND（B_AND）
5	EXOR（B_EXOR）
6	OR（B_OR）
7	各种比较（==，<>，…）

示例:

```
; 声明
DECL BOOL X, Y
DECL INT Z
; 初始化 / 指令部分
X = TRUE
Z = 4
Y = (4*Z+16 <> 32) AND X ; Y=FALSE
```

6. 数据操纵时的操作步骤

1）确定一个或多个变量的数据类型。

2）确定变量的有效性和生存期。

3）进行变量声明。

4）初始化变量。

5）在程序运行中，即始终在 src 文件中对变量进行操纵。

6）关闭并保存 src 文件。

4.2.6　变量值的查看

变量值查看的操作步骤:

1）使用专家用户权限。

2）依次选择显示→变量→单个。

3）在名称中输入查看的变量名称，如图 4-15 所示。

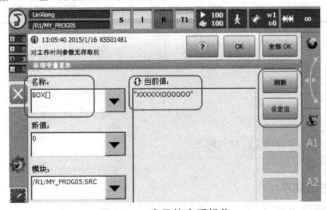

图 4-15　变量值查看操作

4.3 复杂数据类型：Arrays（数组）

1. KRL 数组

数组，亦即 Arrays，可为具有相同数据类型并借助下标区分的多个变量提供存储位置。

1）数组的存储位置是有限的，即最大数组的大小取决于数据类型所需的存储空间大小。

2）声明时，数组大小和数据类型必须已知。

3）KRL 中的起始下标始终从 1 开始。

4）初始化始终可以逐个进行。

5）在 src 文件中的初始化也可以采用循环方式进行。

2. 数组维数

数组维数有：

1）1 维数组。如：

    dimension1[4] = TRUE

2）2 维数组。如：

    dimension2[2,1] = 3.25

3）3 维数组。如：

    dimension1[3,4,1] = 21

KRL 不支持 4 维及 4 维以上的数组。

3. 使用数组时的关联

数组变量的生存期和有效性与使用简单数据类型的变量时相同。

（1）数组声明

1）在 src 文件中建立：

```
DEF MY_PROG ( )
DECL BOOL error[10]
DECL REAL value[50,2]
DECL INT parts[10,10,10]
INI
  ⋮
END
```

2）在数据列表（即 dat 文件）中建立：

```
DEFDAT MY_PROG
EXTERNAL DECLARATIONS
DECL BOOL error[10]
DECL REAL value[50,2]
DECL INT parts[10,10,10] ...
ENDDAT
```

（2）在 src 文件中对数组进行声明并初始化

1）通过调用索引单独对每个数组进行声明和初始化。

```
DEF MY_PROG ( )
DECL BOOL error[10]
INI
error[1]=FALSE
```

```
error[2]=FALSE
error[3]=FALSE
error[3]=FALSE
error[4]=FALSE
error[5]=FALSE
error[6]=FALSE
error[7]=FALSE
error[8]=FALSE
error[9]=FALSE
error[10]=FALSE
    ⋮
END
```

2）以合适的循环进行初始化。

```
DEF MY_PROG ( )
DECL BOOL error[10]
DECL INT X
INI
FOR x = 1 TO 10
error[x]=FALSE
ENDFOR
    ⋮
END
循环结束后 X 的值为 11
```

3）在数据列表中初始化数组。在每一个数组的数据列表中通过调用索引单独进行，接着将值显示在数据列表中。

```
DEFDAT MY_PROG
EXTERNAL DECLARATIONS
DECL BOOL error[10]
error[1]=FALSE
error[2]=FALSE
error[3]=FALSE
error[4]=FALSE
error[5]=FALSE
error[6]=FALSE
error[7]=FALSE
error[8]=FALSE
error[9]=FALSE
error[10]=FALSE
```

4）在数据列表中不允许进行的声明和初始化。如：

```
DEFDAT MY_PROG04
EXTERNAL DECLARATIONS
DECL BOOL error[10]
DECL INT size = 32
error[1]=FALSE
error[2]=FALSE
error[3]=FALSE
error[4]=FALSE
error[5]=FALSE
error[6]=FALSE
```

```
error[7]=FALSE
error[8]=FALSE
error[9]=FALSE
error[10]=FALSE
```

将生成 10 条"初始值语句不在初始化部分内"的出错信息，如图 4-16 所示。删除 DECL INT size=32 行，所有错误将消除。

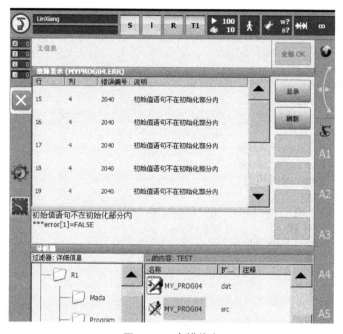

图 4-16　出错信息

5）在数据列表中对数组进行声明并在 src 文件中进行初始化。假如数组是建立在数据列表中的，则不能在数据列表中查看当前值，只能通过变量显示检查当前值。

在数据列表中对数组进行声明：

```
DEFDAT MY_PROG
EXTERNAL DECLARATIONS
DECL BOOL error[10]
```

在 src 文件中进行初始化方式 1：

```
DEF MY_PROG ( )
INI
error[1]=FALSE
error[2]=FALSE
error[3]=FALSE
error[4]=FALSE
error[5]=FALSE
error[6]=FALSE
error[7]=FALSE
error[8]=FALSE
error[9]=FALSE
error[10]=FALSE
```

在 src 文件中进行初始化方式 2：

```
DEF MY_PROG ( )
  DECL INT x
   INI
FOR x = 1 TO 10
  error[x]=FALSE
 ENDFOR
```

6）借助循环进行初始化

① 1 维数组：

```
DECL INT parts[15]
DECL INT x
FOR x = 1 TO 15
parts[x]= 4
ENDFOR
```

② 2 维数组：

```
DECL INT parts_table[10,5]
DECL INT x, y
FOR x = 1 TO 10
    FOR y = 1 TO 5
        parts_table[x, y]= 6
    ENDFOR
ENDFOR
```

③ 3 维数组：

```
DECL INT parts_palette[5,4,3]
DECL INT x, y, z
FOR x = 1 TO 5
    FOR y = 1 TO 4
        FOR z = 1 TO 3
            parts_palette[x, y, z]= 12
        ENDFOR
    ENDFOR
ENDFOR
```

4. 使用 Arrays 时的操作步骤

1）确定数组的数据类型。

2）确定数组的有效性和生存期。

3）进行数组声明。

4）初始化数组参数。

5）在程序运行中，始终在 src 文件中对数组进行操作。

6）关闭并保存 src 文件。

示例：

```
DEF MY_PROG ( )
DECL REAL palette_size[10]
DECL INT counter
INI
```

```
; 初始化
FOR counter = 1 TO 10
    palette_size[counter] = counter * 1.5
ENDFOR
    ⋮
; 单个更改值
palette_size[8] = 13
    ⋮
; 值比较
IF palette_size[3] > 4.2 THEN
END
```

4.4 复杂数据类型：结构 /STRUC

1. 结构体变量

结构体变量是一种包含多种单一信息的变量。用数组可将同种数据类型的变量汇总。但在实际中，大多数变量是由不同数据类型构成的。例如，对一辆汽车而言，发动机功率或里程数为整数型。对价格而言，实数型最适用。而空调设备则与此相反，应为布尔型。所有部分汇总起来可描述一辆汽车。用关键词 STRUC 可自行定义一个结构。结构是不同数据类型的组合。如：

STRUC CAR_TYPE INT motor, REAL price, BOOL air_condition

一种结构必须首先经过定义，然后才能继续使用。

2. 结构的可用性及定义

1）在结构中可使用简单的数据类型 INT、REAL、BOOL 及 CHAR。如：

STRUC CAR_TYPE INT motor, REAL price, BOOL air_condition

2）在结构中可以嵌入 CHAR 数组。如：

STRUC CAR_TYPE INT motor, REAL price, BOOL air_condition, CHAR car_model[15]

3）在结构中可以使用诸如位置 POS 等已知结构。如：

STRUC CAR_TYPE INT motor, REAL price, BOOL air_condition, POS car_pos

4）定义完结构后还必须声明工作变量。如：

STRUC CAR_TYPE INT motor, REAL price, BOOL air_condition
DECL CAR_TYPE my_car

3. 结构的初始化及更改

1）初始化可通过括号进行。

2）通过括号初始化时只允许使用常量（固定值）。

3）赋值顺序可以不用理会。如下面两个程序功能是一样。

   my_car = {motor 50, price 14999.95, air_condition = TRUE}
   my_car = {price 14999.95, motor 50, air_condition = TRUE}

4）在结构中不必指定所有结构参数。

5）一个结构将通过一个结构参数进行初始化。

6）未初始化的值已被或将被设置为未知值。如：

   my_car = {motor 75}；价格未知

7）初始化也可以通过点号进行。如：

my_car.price = 9999.0

8）通过点号进行初始化时可以使用变量。如：

my_car.price = value_car

9）结构参数可随时通过点号逐个进行重新更改。如：

my_car.price = 12000.0

4. 结构的有效性及生存期

1）创建的局部结构在到达 END 行时便无效。

2）在多个程序中使用的结构必须在 $config.dat 中进行声明。

5. 结构的命名原则

1）不允许使用关键词。

2）为了便于辨认，自定义的结构应以 TYPE 结尾。

6. KUKA 系统变量的结构数据类型

1）KUKA 机器人系统中存在很多已经定义好结构类型的系统变量，如结构数据类型的位置变量，以下是几种常见的系统位置变量的结构数据类型：

① E6AXIS：STRUC E6AXIS REAL A1, A2, A3, A4, A5, A6, E1, E2, E3, E4, E5, E6。

② FRAME：STRUC FRAME REAL X, Y, Z, A, B, C。

③ POS：STRUC FRAME REAL X, Y, Z, A, B, C。

④ FRAME：STRUC E6POS REAL X, Y, Z, A, B, C, E1, E2, E3, E4, E5, E6 INT S,T。

用户在使用时不需要再定义 E6AXIS、FRAME 为结构数据类型，直接进行使用就可以了，例如：

① 系统 HOME 点的位置信息：

E6AXIS XHOME={A1 −1.19382763,A2 −110.036209,A3 110.329529,A4 0.00340227387,A5 89.8277435,A6 −50.8737488,E1 0.0,E2 0.0,E3 0.0,E4 0.0,E5 0.0,E6 0.0}

② 程序中一般点的位置信息：DECL E6POS XP1={X 294.769958,Y−26.7185268,Z −218.906418,A−125.888474,B 0.538019955,C 0.181278110,S 2,T 43,E1 0.0,E2 0.0,E3 0.0,E4 0.0,E5 0.0,E6 0.0}

③ 自定义的点位置信息：

DECL E6POS XPick={X 294.769958,Y−26.7185268,Z−218.906418,A−125.888474,B 0.538019955,C 0.181278110,S 2,T 43,E1 0.0,E2 0.0,E3 0.0,E4 0.0,E5 0.0,E6 0.0}

DECL POS Car_pos={X 294,Y−26,Z−218,A 50,B 0,C 30,}

④ 记录存储工具坐标系的数据：

DECL FRAME TOOL_DATA[16]

TOOL_DATA[2]={X 0.670000,Y 15.9280,Z 20.8880,A 86.9966,B−0.626100,C 178.257599}

2）系统变量结构的初始化 / 更改。系统变量结构的初始化 / 更改与自定义的结构初始化 / 更改是一样，但是在自定义的结构中带有系统变量结构的初始化 / 更改就有所不同，例如带一个位置变量的结构的初始化。

① 通过括号初始化时只允许使用常量：

STRUC CAR_TYPE INT motor, REAL price, BOOL air_condition, POS car_pos

DECL CAR_TYPE my_car

my_car = {price 14999.95, motor 50, air_condition TRUE, car_pos {X 1000, Y 500, A 0}}

② 初始化也可以通过点号进行：

my_car.price = 14999.95

my_car.car_pos = {X 1000, Y 500, A 0}

③ 通过点号进行初始化时也可以使用变量：

my_car.price = 14999.95

my_car.car_pos.X = x_value

my_car.car_pos.Y = 750

7. 创建结构的步骤

创建结构的步骤如下：

1）定义结构。如：

STRUC CAR_TYPE INT motor, REAL price, BOOL air_condition

2）声明工作变量。如：

DECL CAR_TYPE my_car

3）初始化工作变量。如：

my_car = {motor 50, price 14999.95, air_condition TRUE}

4）更改值和 / 或比较工作变量的值

my_car.price = 5000.0

my_car.price = value_car

IF my_car.price >= 20000.0 THEN

    ⋮

ENDIF

4.5 复杂数据类型：枚举数据类型（ENUM）

枚举是一个被命名的整数型常数的集合。

1）枚举数据类型由一定量的常量（例如红、黄或蓝）组成。

2）常量是可自由选择的名称。

3）常量由编程人员确定。

4）一种枚举类型必须首先经过定义，然后才能继续使用。

5）一个诸如 COLOR_TYPE 型箱体颜色的工作变量只能接受一个常量的一个值。

6）一个常量的赋值始终以符号 # 开头，后面接具体的内容。

1. 可用性及应用

1）只能使用已知常量。

2）枚举类型可扩展任意多次。

3）枚举类型可单独使用。如：

ENUM COLOR_TYPE green, blue, red, yellow

4）枚举类型可嵌入结构中。如：

ENUM COLOR_TYPE green, blue, red, yellow

STRUC CAR_TYPE INT motor, REAL price, COLOR_TYPE car_color

2. 有效性及生存期

1）创建的局部枚举类型在到达 END 行时便无效。

2）在多个程序中使用的枚举类型必须在 $config.dat 中进行声明。

3. 命名原则

1）枚举类型及其常量的名称应一目了然。

2）不允许使用关键词。

3）为了便于辨认，自定义的枚举类型应以 TYPE 结尾。

4. 生成枚举数据类型步骤

1）定义枚举变量和常量。如：

　　ENUM LAND_TYPE de, be, cn, fr, es, br, us, ch

2）声明工作变量。如：

　　DECL LAND_TYPE my_land

3）初始化工作变量。如：

　　my_land = #be

4）比较工作变量的值。如：

　　IF my_land == #es THEN

　　　　⋮

　　ENDIF

4.6 系统数据类型

系统数据类型是 KUKA 机器人系统运行的变量，用来保持系统的正常运行。

（1）声明　系统数据类型无须声明可直接使用。

（2）有效性 / 生存期　系统变量是全局变量，长期有效和存在，可随时查看当前的值。

下面以 $MODE_OP（机器人运行方式）、$POS_ACT（当前机器人位置）、$DATE（当前时间和日期）进行举例说明，如图 4–17 所示。

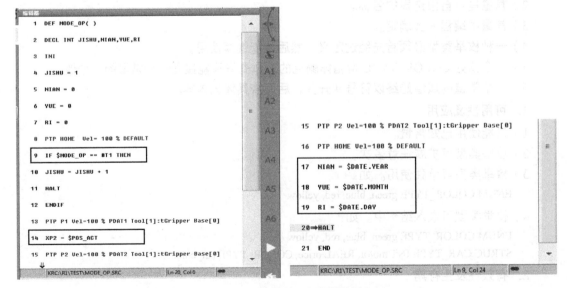

图 4–17　有效性 / 生存期举例

（3）变量值查看

1）$MODE_OP（机器人运行方式）。机器人在不同的运行方式下，$MODE_OP 的值会不同，如图 4-18 所示机器人的四种不同运行方式对应不同系统变量 $MODE_OP 的值。系统变量也可以作为条件的判断对象，如图 4-17 所示程序中的第 9 行。

图 4-18　$MODE_OP 的值

2）$POS_ACT（当前机器人位置）。它存储机器人当前状态的位置信息，这个变量值是时刻更新的，如在图 4-17 中的程序里，程序按步骤顺序运行，$POS_ACT 存储的是 P1 点的位置信息，然后通过 XP2 = $POS_ACT 把 $POS_ACT 值赋值给 P2 点。$POS_ACT 的值的查看如图 4-19 所示。

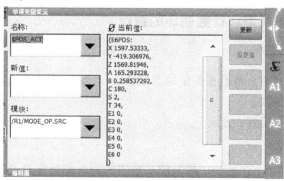

图 4-19　$POS_ACT 的值

3）$DATE（当前时间和日期）。$DATE 的值的查看如图 4-20 所示。$DATE 是一个结构类型，若在图 4-17 所示的程序中对其中的一个参数进行取值操作，程序运行结束后，变量值查看如图 4-21 所示。

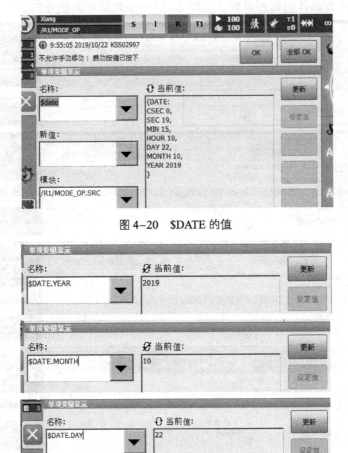

图 4-20 $DATE 的值

图 4-21 $DATE 中单个参数值

4.7 变量类型的运用练习

4.7.1 具有简单数据类型和计数循环的数组

1. 练习目的

1）声明和初始化具有简单数据类型的数组。

2）编辑单个数组参数。

3）运用变量显示（配置 / 显示）。

2. 练习内容

1）创建一个包含 12 个参数的一维数组。数组的内容应为字母 "O" 或 "X"。

2）运行开始前所有的数组参数都为 "O"。

3）程序启动后，第一个数组参数应变成字母"X"。再过 1s，第二个参数变成字母"X"。以此类推，直到最后一个参数变成字母"X"。如图 4-22 所示。

4）检查数组的当前下标及其内容。

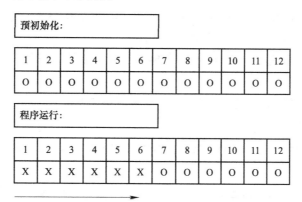

图 4-22　数组参数变化

3. **练习参考答案（图 4-23）**

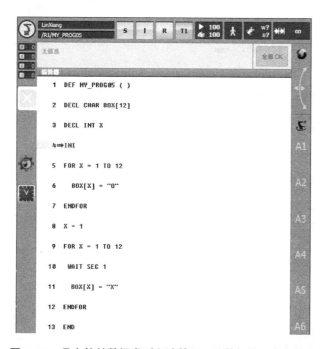

图 4-23　具有简单数据类型和计数循环的数组练习参考答案

4.7.2　用 KRL 创建结构

1. **练习目的**

1）生成自己的结构（声明、初始化）。

2）用点号工作。

2. 练习内容

1）生成名为 BOX_TYPE 的结构。在该结构中应能保存的参数：长度、宽度、高度、上漆状态（是/否）、瓶子数量。

2）为变量 MY_BOX 指定结构 BOX_TYPE，并以长度 25.5mm、宽度 18.5mm、高度 5.0mm、内装：4 瓶、未上漆的起始值进行初始化。

3）在第一个加工工序时（2S 后）还会再增加 8 个瓶子。在第 2 步中（2S 后）还要对箱子（MY_BOX）上漆。

4）在运行期间使变量（MY_BOX）的内装量显示出来。

3. 练习参考答案

1）在 $config 文件中定义 BOX_TYPE 结构，声明 MY_BOX 变量，参考答案如图 4-24 所示。

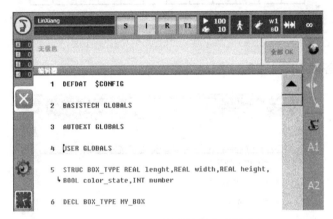

图 4-24　用 KRL 创建结构参考答案 1

2）在程序中初始化并编程，参考答案如图 4-25 所示。

图 4-25　用 KRL 创建结构参考答案 2

3）变量值查看，参考答案如图 4-26 所示。

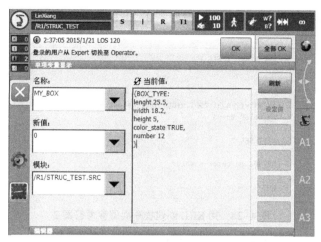

图 4-26　用 KRL 创建结构参考答案 3

4.7.3　用 KRL 创建枚举类型

1. 练习目的

1）生成自己的 ENUM 变量（声明）。

2）用 ENUM 变量工作。

2. 练习内容

1）生成一个内容包含红、黄、绿及蓝颜色的 ENUM 变量。

2）将 4.6.2 节中的箱子上漆状态改为红色、黄色、绿色、蓝色四种可选颜色。

3）在第二步中将箱子的颜色指定为蓝色。

4）在运行期间使变量 KISTE 的内装量显示出来。

3. 参考答案

1）在 $config 文件中定义 COLOR_TYPE 枚举类型。

2）声明 my_color 枚举变量。参考答案如图 4-27 所示。

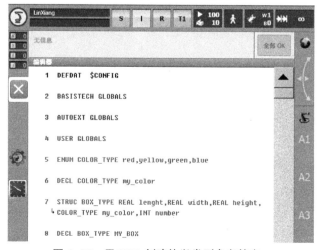

图 4-27　用 KRL 创建枚举类型参考答案 1

3）在程序中初始化并编程。参考答案如图 4-28 所示。

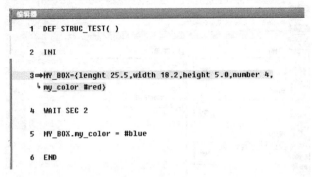

图 4-28　用 KRL 创建枚举类型参考答案 2

4）变量值查看。参考答案如图 4-29 所示。

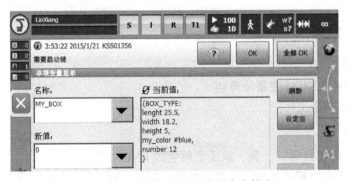

图 4-29　用 KRL 创建枚举类型参考答案 3

第 5 章

子程序和函数

➤ 用局部子程序工作
➤ 用全局子程序工作
➤ 将参数传递给子程序
➤ 函数编程
➤ 使用 KUKA 标准函数工作

5.1 用局部子程序工作

1. 局部子程序的创建

局部子程序位于主程序之后并以 DEF Name_Unterprogramm( ) 和 END 标明。如:

```
DEF MY_PROG( )
;此为主程序
  ⋮
END

DEF LOCAL_PROG1( )
;此为局部子程序 1
  ⋮
END
DEF LOCAL_PROG2( )
;此为局部子程序 2
  ⋮
END
DEF LOCAL_PROG3( )
;此为局部子程序 3
  ⋮
END
```

SRC 文件中最多可由 255 个局部子程序组成。局部子程序的特点:

1)局部子程序允许多次调用。

2)局部程序名称需要使用括号。

3)局部子程序只能在本程序中被调用,无法被其他程序调用。

2. 用局部子程序工作时的关联

1)运行完局部子程序后,跳回到调出子程序后面的第一个指令。如:

```
DEF MY_PROG( )
;此为主程序
LOCAL_PROG1( )
  ⋮
END
DEF LOCAL_PROG1( )
  ⋮
LOCAL_PROG2( )
  ⋮
END
DEF LOCAL_PROG2( )
  ⋮
  END
```

2)最多可相互嵌入 20 个子程序。

3)点坐标保存在所属的 DAT 列表中,可用于整个文件。如:

```
DEF MY_PROG( )
;此为主程序
  ⋮
PTP P1 Vel=100% PDAT1
```

```
    ⋮
END

─────────────────────────────────────

DEF LOCAL_PROG1( )
    ⋮
; 与主程序中相同的位置
PTP P1 Vel=100% PDAT1
    ⋮
END


DEFDAT MY_PROG( )
    ⋮
DECL E6POS XP1={X 100, Z 200, Z 300 ... E6 0.0}
    ⋮
ENDDAT
```

4）可用 RETURN 结束子程序，并由此跳回到先前调用该子程序的程序模块中。如：

```
DEF MY_PROG( )
; 此为主程序
    ⋮
LOCAL_PROG1( )
    ⋮
END

─────────────────────────────────────

DEF LOCAL_PROG1( )
    ⋮
IF $IN[12]==FALSE THEN
RETURN ; 跳回主程序
ENDIF
    ⋮
END
```

3. 创建局部子程序的操作步骤

1）使用专家用户组权限。

2）使 DEF 行显示出来。

3）在编辑器中打开 scr 文件。如：

```
    DEF MY_PROG( )
        ⋮
    END
```

4）用光标跳到 END 行下方。

5）通过 DEF、程序名称和括号指定新的局部程序头。

6）通过 END 命令结束新的子程序。

7）用回车键确认后会在主程序和子程序之间插入一个横条。

8）继续编辑主程序和子程序。

9）关闭并保存程序。

创建的局部子程序如图 5-1 所示。

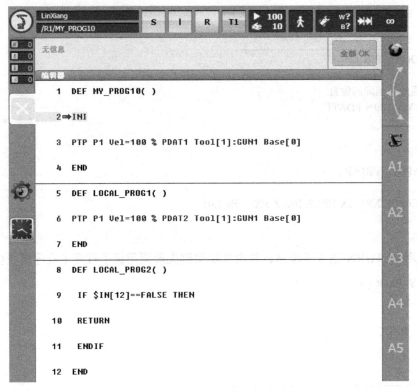

图 5-1 创建的局部子程序

5.2 用全局子程序工作

1. 全局子程序的创建

全局子程序有单独的 src 和 dat 文件。如：

DEF GLOBAL1( )

⋮

END

DEF GLOBAL2( )

⋮

END

2. 用局部子程序工作时的关联

1）全局子程序允许多次调用。

2）运行完毕局部子程序后，跳回调出子程序后面的第一个指令。如：

DEF GLOBAL1( )

⋮

GLOBAL2( )

⋮

END

```
DEF GLOBAL2( )
    ⋮
GLOBAL3( )
    ⋮
END
DEF GLOBAL3( )
    ⋮
END
```

3）最多可相互嵌入 20 个子程序。

4）点坐标保存在各个所属的 DAT 列表中，并仅供相关程序使用。如：

```
DEF GLOBAL1( )
PTP P1 Vel=100% PDAT1
END
```

```
DEFDAT GLOBAL1( )
DECL E6POS XP1={X 100, Z 200, Z 300 ⋯ E6 0.0}
ENDDAT
```

Global2（ ）中 P1 的不同坐标：

```
DEF GLOBAL2( )
PTP P1 Vel=100% PDAT1
END
```

```
DEFDAT GLOBAL2( )
DECL E6POS XP1={X 800, Z 775, Z 999 ⋯ E6 0.0}
ENDDAT
```

5）可用 RETURN 结束子程序，并由此跳回先前调用该子程序的程序模块中。如：

```
DEF GLOBAL1( )
    ⋮
GLOBAL2( )
    ⋮
END
```

```
DEF GLOBAL2( )
    ⋮
IF $IN[12]==FALSE THEN
RETURN ; 返回 GLOBAL1( )
ENDIF
END
```

3. 使用全局子程序编程时的操作步骤

1）使用专家用户组权限。

2）新建程序。如：

```
DEF MY_PROG( )
    ⋮
END
```

3）新建第二个程序。如：

```
DEF PICK_PART( )
    ⋮
END
```

4）在编辑器中打开程序 MY_PROG 的 src 文件。

5）借助程序名和括号编程设定子程序的调用。如：

DEF MY_PROG( )

　　⋮

PICK_PART( )

　　⋮

END

6）关闭并保存程序，程序如图 5-2 所示。

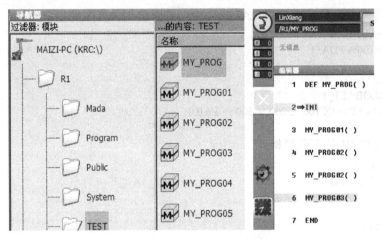

图 5-2　使用全局子程序编程时的程序

5.3　将参数传递给子程序

1. 参数传递句法格式

DEF MY_PROG( )

　　⋮

CALC (K, L)

　　⋮

END

_____

DEF CALC(R:IN, S:OUT)

　　⋮

END

2. 参数传递的方式

1）可通过两种方法将参数传递给子程序。

① 作为 IN 参数。

a. 变量值在主程序中保持不变，即变量以主程序原来的值继续工作。

b. 子程序只能读取变量值，但不能写入。

② 作为 OUT 参数。

a. 变量值会在主程序中同时更改，即变量应用子程序的值。

b. 子程序读取并更改该值，然后返回新的值。

2）既可将参数传给局部的子程序，也可传给全局子程序。

① 将参速传递给局部子程序。如：

```
DEF MY_PROG( )
DECL REAL r,s
  ⋮
CALC_1(r)
  ⋮
CALC_2(s)
  ⋮
END
```

```
DEF CALC_1(num1:IN)
;值 "r" 仅为只读传递至 num1
DECL REAL num1
  ⋮
END
```

```
DEF CALC_2(num2:OUT)
;值 "s" 传递至 num2，更改并传回写入
DECL REAL num2
  ⋮
END
```

② 将参速传递给全局子程序。如：

```
DEF MY_PROG( )
DECL REAL r, s
  ⋮
CALC_1(r)
  ⋮
CALC_2(s)
  ⋮
END
```

```
DEF CALC_1(num1:IN)
;值 "r" 仅为只读传递至 num1
DECL REAL num1
  ⋮
END
```

```
DEF CALC_2(num2:OUT)
;值 "s" 传递至 num2，更改并传回
DECL REAL num2
  ⋮
END
```

3）始终可以向相同的数据类型进行值传递。

4）向其他数据类型进行值传递。如：

```
DEF MY_PROG( )
DECL DATATYPE1 value
CALC(value)
END
```

```
DEF CALC(num:IN)
DECL DATATYPE2 num
  :
END
```

DATATYPE1 和 DATATYPE2 是数据类型，具体说明见表 5-1。

表 5-1　数据类型具体说明

DATATYPE1	DATATYPE2	备　注
BOOL	INT、REAL、CHAR	错误（...参数不兼容）
INT	REAL	INT 值被转换成 REAL
INT	CHAR	使用 ASCII 表中的字符
CHAR	INT	使用 ASCII 表中的 INT 值
CHAR	REAL	使用 ASCII 表中的 REAL 值
REAL	INT	REAL 值被四舍五入
REAL	CHAR	REAL 值被四舍五入，使用 ASCII 表中的字符

5）多参数传递。如：

```
DEF MY_PROG( )
DECL REAL w
DECL INT a, b
  :
CALC(w, b, a)
  :
CALC(w, 30, a)
  :
END
```

```
DEF CALC(ww:OUT, bb:IN, aa:OUT)
;1.) w ←→ ww, b → bb, a ←→ aa
;2.) w ←→ ww, 30 → bb, a ←→ aa
DECL REAL ww
DECL INT aa, bb
  :
END
```

6）使用数组进行参数传递。传递整个数组：FELD_1D[]（1 维），FELD_2D[,]（2 维），FELD_3D[,,]（3 维）。

① 数组只能被整个传递到一个新的数组中。

② 数组只允许以参数 OUT(Call by reference) 的方式进行传递。

```
DEF MY_PROG( )
DECL CHAR name[10]
  :
name="PETER"
RECHNE(name[])
  :
END
```

```
DEF RECHNE(my_name[]:OUT)
; 子程序中的数组应始终无数组大小创建
; 数组大小与输出端数组适配
DECL CHAR my_name[]
  ⋮
END
```

③ 单个数组参数也可以被传递。在传递单个数组参数时，只允许变量作为目标，不允许数组作为目标。下例仅将字母"P"传递到子程序中。

```
DEF MY_PROG( )
DECL CHAR name[10]
name="PETER"
CALC(name[1])
END
```

```
DEF RECHNE(symbol:IN)
; 仅传递一个字符
DECL CHAR symbol
  ⋮
END
```

3. 参数传递时的操作步骤

最先发送的参数被写到子程序中的第一个参数上，第二个被发送的参数写到子程序中的第二个参数上，以此类推。

1）前提条件：

① 确定在子程序中需要哪些参数。

② 确定参数传递的种类（IN 或 OUT 参数）。

③ 确定原始数据类型和目标数据类型（数据类型最好相同）。

④ 确定参数传递的顺序。

2）步骤：

① 将主程序载入编辑器。

② 在主程序中声明、初始化需要使用的变量。

③ 通过变量调用创建的子程序。

④ 关闭并保存主程序。

⑤ 将子程序载入编辑器。

4. 在 DEF 行中补充变量及 IN/OUT

1）在子程序中声明、初始化需要使用的变量。

2）关闭并保存子程序。

完整的示例：

```
DEF MY_PROG( )
DECL REAL w
DECL INT a, b
w = 1.5
a = 3
```

```
b = 5
CALC(w, b, a)
; w = 3.8
; a = 13
; b = 5
END
```

```
DEF CALC(ww:OUT, bb:IN, aa:OUT)
; w ←→ ww, b → bb, a ←→ aa
DECL REAL ww
DECL INT aa, bb
ww = ww + 2.3
; ww = 1.5 + 2.3 =3.8 → w
bb = bb + 5
; bb = 5 + 5 = 10
aa = bb + aa ; aa = 10 + 3= 13 → a
END
```

示教器中的程序如图 5-3 所示。

① 主程序中的 w 和 a 值传送给子程序的 ww 和 aa，并经过子程序下面的运算后再传递赋值给主程序的 w 和 a。

② 主程序中的 b 值仅传送给子程序，带入运算。

③ 最终运算后的结果如图 5-4 所示。

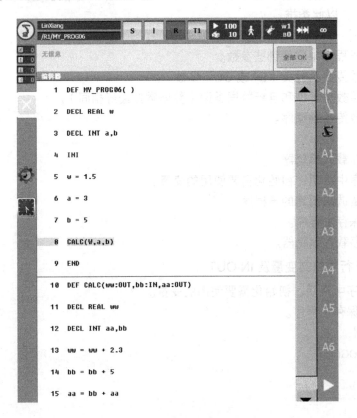

图 5-3　示教器中的编程

图 5-4　最终运算后的结果

无法查看 ww、bb、aa 的值（图 5-5），是因为它们作为形式变量参数没有实际值，只是中间变量查看时提示报错"不存在对象"。

w、b、a 是实际变量参数，具有实际值，可以查看到当前值。

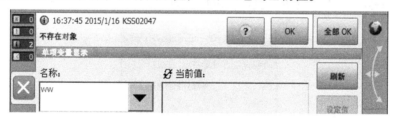

图 5-5　ww 无当前值

5.4　函数编程

1. KRL 函数的定义

KRL 函数是 KUKA 机器人的一种特殊的程序编制方式，读者可以自己定义一个复杂的运算或是逻辑处理程序，这个程序可以被调用，只要对其进行不同的数据代入就会经过定义函数内部运算或逻辑处理，最后返回一个需要的结果。以下是一个 KRL 函数所具有的特性：

1）函数是一种向主程序返回某一值的子程序。

2）通常需要输入一定的值才能计算返回值。

3）在函数头中会规定返回主程序的数据类型。

4）待传递的值通过指令 RETURN（return_value）传递。

5）有局部和全局函数两种。

KRL 函数的句法格式：

```
DEFFCT DATATYPE NAME_FUNCTION( )
    ⋮
RETURN(return_value)
ENDFCT
```

2. KRL 函数的应用

1）调用全局函数。主程序 MY_PROG( ) 调用函数程序 CALC（num：IN）。如：

主程序：

```
DEF MY_PROG( )
DECL REAL result, value
    ⋮
result = CALC(value)
    ⋮
END
```

函数程序：

```
DEFFCT REAL CALC(num:IN)
DECL REAL return_value, num
    ⋮
RETURN(return_value)
ENDFCT
```

指令 RETURN（return_value）必须在指令 ENDFCT 之前。

2）创建全局函数。新建时选择导航器窗口中的 Function 功能（图 5-6），程序格式如图 5-7 所示。系统默认的功能返回值是 BOOL 数据类型。

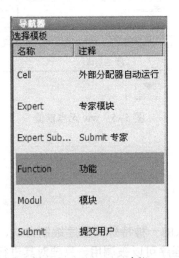

图 5-6　Function 功能

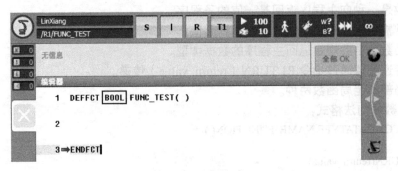

图 5-7　程序格式

3）调用局部函数。如：

```
DEF MY_PROG( )
DECL REAL result, value
result = CALC(value)
END

DEFFCT REAL CALC(num:IN)
DECL REAL return_value, num
RETURN(return_value)
ENDFCT
```

示教器中的编程如图 5-8 所示。

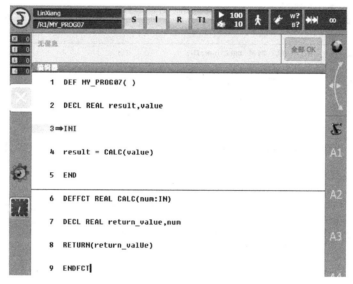

图 5-8　示教器中的编程

4）值传递时使用 IN/OUT 参数。

① 作为 IN 参数进行值传递。如：

```
DEF MY_PROG( )
DECL REAL result, value
value = 2.0
result = CALC(value)
; value = 2.0
; result = 1000.0
END

DEFFCT REAL CALC(num:IN)
DECL REAL return_value, num
num = num + 8.0
return_value = num * 100.0
RETURN(return_value)
ENDFCT
```

传递的值 value 不改变。示教器编程及结果如图 5-9 所示。

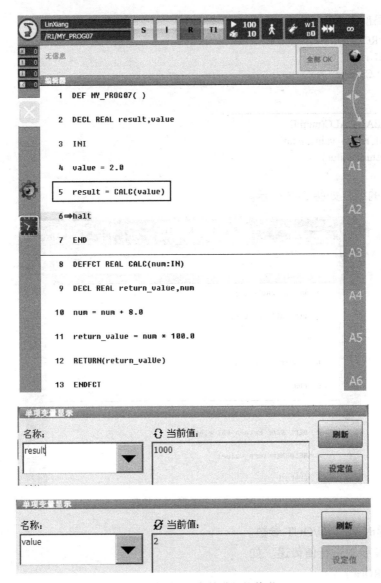

图 5-9 作为 IN 参数进行值传递

② 作为 OUT 参数进行传递。如：

```
DEF MY_PROG( )
DECL REAL result, value
value = 2.0
result = CALC(value)
; value = 10.0
; result = 1000.0
END


DEFFCT REAL CALC(num:OUT)
DECL REAL return_value, num
num = num + 8.0
return_value = num * 100.0
```

RETURN(return_value)
ENDFCT

传递的值 value 改变后返回。示教器编程及结果如图 5-10 所示。

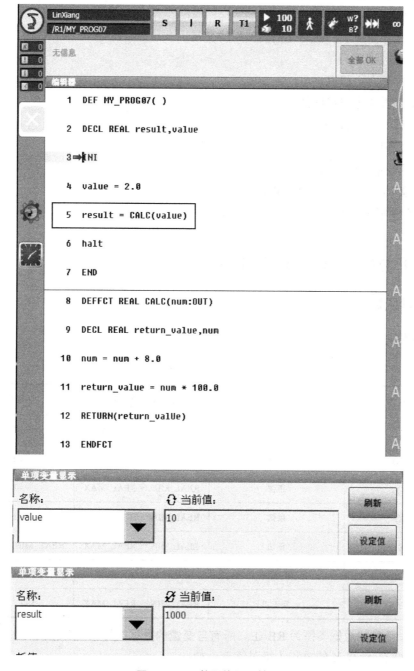

图 5-10 示教器编程及结果

3. 函数编程时的操作步骤

1）确定该函数应提供哪个值（返回数据类型）。

2）确定该函数中需要哪些参数（传递数据类型）。

3）确定参数传递的种类（IN 或 OUT 参数）。

4）确定需要的是局部函数还是全局函数。

5）将主程序载入编辑器。

6）在主程序中声明、初始化需要使用的变量。

7）创建函数调用。

8）关闭并保存主程序。

9）创建函数（全局或局部）。

10）将函数载入编辑器。

11）在 DEFFCT 行中补充数据类型、变量及 IN/OUT。

12）在函数中声明、初始化操纵变量。

13）创建 RETURN（return_value）行。

14）关闭并保存函数。

5.5 使用 KUKA 标准函数工作

5.5.1 数学函数

数学函数见表 5-2。

表 5-2 数学函数

数学函数	功 能	自变量数值范围	结果数值范围
ABS(X)	绝对值	REAL_MIN ～ REAL_MAX	0 ～ REAL_MAX
SQRT(X)	平方根	0 ～ REAL_MAX	0 ～ REAL_MAX
SIN(X)	正弦	REAL_MIN ～ REAL_MAX	−1 ～ +1
COS(X)	余弦	REAL_MIN ～ REAL_MAX	−1 ～ +1
TAN(X)	正切	REAL_MIN ～ REAL_MAX	REAL_MIN ～ REAL_MAX
ACOS(X)	反余弦	−1 ～ +1	0 ～ +180°
ATAN2(Y,X)	反正切	REAL_MIN ～ REAL_MAX	−180° ～ +180°

所有数学函数的数据类型为 REAL。所有自变量的数据类型为 REAL。

1）ABS(X)：计算 X 的总和（绝对值）。如：

B = −3.4

A = 5*ABS(B) ;A=17.0

2）SQRT(X)：计算 X 的平方根。如：

A = SQRT(16.0801) ;A=4.01

3）SIN(X)：计算角度 X 的正弦。如：

A = SIN(30) ;A=0,5

4）COS(X)：计算角度 X 的余弦。如：

B = 2*COS(45) ;B=1.41421356

5）TAN(X)：计算角度 X 的正切。如：

C = TAN(45) ;C=1.0

6）ACOS(X)：反余弦，COS(X) 的反函数。如：

A = COS(60) ;A=0.5

B = ACOS(A) ;B=60

SIN(X) 的反函数反正弦没有预定义函数。但是基于公式 SIN(X)=COS(90°−X) 可以很容易就计算出反正弦。如：

A = SIN(60) ;A=0.8660254

B = 90−ACOS(A) ;B=60

7）ATAN2（Y，X）：反正切。如：

A = ATAN2(0.5,0.5) ;A=+45

B = ATAN2(0.5,−0.5) ;B=+135

C = ATAN2(−0.5,−0.5) ;C=−135

D = ATAN2(−0.5,0.5) ;D=−45

5.5.2 字符串变量函数

字符串变量函数见表 5-3。

表 5-3 字符串变量函数

字符串变量函数	说　　明
StrDeclLen(x)	声明时确定字符串长度
StrLen(x)	初始化后的字符串变量长度
StrClear(x)	删除字符串变量的内容
StrAdd(x,y)	扩展字符串变量
StrComp(x,y,z)	比较字符串变量的内容
StrCopy(x,y)	复制字符串变量
StrFind(x，y，z)	搜索字符串变量

1. StrDeclLen(x)

StrDeclLen(x) 根据其在程序声明部分中的声明确定字符串变量的长度。

句法格式：Length = StrDeclLen(StrVar[])

句法说明：见表 5-4。

表 5-4　StrDeclLen(x) 句法说明

参　数	说　明
Length	类型：INT 返还值的变量。返还值：字符串变量的长度如声明部分中所协议的一样
StrVar[]	类型：CHAR 要确定其长度的字符串变量。因为字符串变量 StrVar[ ] 是 CHAR 类型的数组，则单个字符以及常数对于长度确定来说是非法的

示例：

```
1  DECL CHAR ProName[24]
2  DECL INT StrLength
3  StrLength = StrDeclLen(ProName[ ])
4  StrLength = StrDeclLen($Trace.Name[ ])
```

结果说明：第 3 行 StrLength = 24，第 4 行 StrLength = 64。

2. StrLen(x)

StrLen(x) 确定初始化后字符串变量的字符串长度。

句法格式：Length = StrLen(StrVar)

示例：

```
1 CHAR PartA[50]
2 INT AB
3 …
4 PartA[] = "This is an example"
5 AB = StrLen(PartA[])
```

结果说明：AB = 18。

3. StrClear(x)

StrClear(x) 用于删除字符串变量的内容。

句法格式：Result = StrClear(StrVar[])

句法说明：见表 5-5。

表 5-5　StrClear（x）句法说明

参　数	说　明
Result	类型：BOOL 返还值的变量。返还值：删除了字符串变量的内容：TRUE；没有删除字符串变量的内容：FALSE
StrVar[]	类型：CHAR 被删除字符串的变量

示例：

```
DECL CHAR ProName[24]
DECL BOOL FLAG1
INI
ProName[] = "CHECK"
IF StrClear(ProName[]) THEN
HALT
ENDIF
```

在 IF 分支之内可以使用该功能，而无须明确地给变量分配返还值。这也适用于编辑字符串变量的所有功能。

4. StrAdd(x，y)

StrAdd(x，y) 可以给字符串变量扩展其他字符串变量的内容。

句法格式：Sum = StrAdd(StrDest[], StrToAdd[])

句法说明：见表 5-6。

表 5-6　StrAdd(x，y) 句法说明

参　　数	说　　明
Sum	类型：INT 返还值的变量。返还值：StrDest[ ] 和 StrToAdd[ ] 的总和 如果总和长于事先定义的 StrDest[ ] 长度，则返还值为 0。即使在总和大于 470 个字符时，也是这种情况
StrDest[]	类型：CHAR 待扩展的字符串变量。因为字符串变量 StrDest[ ] 是 CHAR 类型的数组，则单个字符以及常数为非法
StrToAdd[]	类型：CHAR 要扩展的字符串

示例：

```
1 DECL CHAR A[50], B[50]
2 INT AB, AC
3 A[] = "This is an "
4 B[] = "example"
5 AB = StrAdd(A[],B[])
```

结果说明：A[ ] = "This is an example"，AB = 18。

5. StrFind(x，y，z)

StrFind(x，y，z) 可以搜索字符串变量的字符串。

句法格式：Result = StrFind(StartAt, StrVar[], StrFind[], CaseSens)

句法说明：见表 5-7。

表 5-7　StrFind(x，y，z) 句法说明

参　　数	说　　明
Result	类型：INT 返还值的变量。返还值：第一个找到的字符的位置。如果没有找到字符，则返还值为 0
StartAt	类型：INT 在该位置时启动搜索
StrVar[]	类型：CHAR 待搜索的字符串变量
StrFind[]	类型：CHAR 搜索该字符串
CaseSens	#CASE_SENS：区分大小写 #NOT_CASE_SENS：不区分大小写

示例：

```
1 DECL CHAR A[5]
2 INT B
3 A[]="ABCDE"
4 B = StrFind(1, A[], "AC", #CASE_SENS)
5 B = StrFind(1, A[], "a", #NOT_CASE_SENS)
6 B = StrFind(1, A[], "BC", #Case_Sens)
7 B = StrFind(1, A[], "bc", #NOT_CASE_SENS)
```

结果说明：第 4 行 B = 0，第 5 行 B = 1，第 6 行 B = 2，第 7 行 B = 2。

6. StrComp(x，y，z)

StrComp(x，y，z) 可以比较两个字符串变量。

句法格式：Comp = StrComp(StrComp1[], StrComp2[], CaseSens)

句法说明：见表 5-8。

表 5-8　StrComp(x，y，z) 句法说明

参　数	说　明
Comp	类型：BOOL 返还值的变量。返还值：字符串相符：TRUE；字符串不相符：FALSE
StrComp1[]	类型：CHAR 和 StrComp2[] 比较的字符串
StrComp2[]	类型：CHAR 和 StrComp1[] 比较的字符串
CaseSens	#CASE_SENS：区分大小写 #NOT_CASE_SENS：不区分大小写

示例：

```
1 DECL CHAR A[5]
2 BOOL B
3 A[]="ABCDE"
4 B = StrComp(A[], "ABCDE", #CASE_SENS)
5 B = StrComp(A[], "abcde", #NOT_CASE_SENS)
6 B = StrComp(A[], "abcd", #NOT_CASE_SENS)
7 B = StrComp(A[], "acbde", #NOT_CASE_SENS)
```

结果说明：第 4 行 B = TRUE，第 5 行 B = TRUE，第 6 行 B = FALSE，第 7 行 B = FALSE。

7. StrCopy(x，y)

StrCopy(x，y) 可以将字符串变量的内容复制到另一个字符串变量中。

句法格式：Copy = StrCopy(StrDest[], StrSource[])

句法说明：见表 5-9。

表 5-9 StrCopy(x，y) 句法说明

参　数	说　明
Copy	类型：BOOL 返还值的变量。返还值：成功地复制了字符串变量：TRUE；没有复制字符串变量：FALSE
StrDest[ ]	类型：CHAR 将字符串复制到该字符串变量中。因为 StrDest[ ] 是 CHAR 类型的数组，则单个字符以及常数为非法
StrSource[ ]	类型：CHAR 复制该字符串变量的内容

示例：

```
1 DECL CHAR A[25], B[25]
2 DECL BOOL C
3 A[] = " "
4 B[] = "Example"
5 C = StrCopy(A[], B[])
```

结果说明：A[ ] = "Example"，C = TRUE。

5.5.3　用于信息输出的函数

KUKA 机器人在工作过程中的各种运行状态都会有相应的提示信息，根据提示信息可以知道当前机器人的运行状态，并通过提示信息对机器人进行相应的动作处理。KUKA 机器人的提示信息类型及说明见表 5-10。

表 5-10　提示信息类型及说明

图　标	类　型	说　明
	确认信息 #QUIT	将该信息提示作为确认信息发出
	状态信息 #STATE	将该信息提示作为状态信息发出
	提示信息 #NOTIFY	将该信息提示作为提示信息发出
	等待信息 #WAITING	将该信息提示作为等待信息发出
	对话信息（显示在一个独自的弹出式窗口中）	—

对于提示信息，KUKA 机器人提供了相应的 KRL 提示信息函数，便于用户根据实际应用定义所需要的提示信息，方便对程序进行监控和操作。相应的提示信息函数见表 5-11。

表 5-11 提示信息函数

KRL 提示信息函数	说　明
Set_KrlMsg(a,b,c,d)	设置信息
Set_KrlDlg(a,b,c,d)	设置对话
Exists_KrlMsg(a)	检查信息
Exists_KrlDlg(a,b)	检查对话
Clear_KrlMsg(a)	删除信息

5.5.3.1 提示信息

1. 用户自定义的提示信息特点

1）提示信息不在信息缓存器中管理。

2）提示信息只能通过按键"OK"或"全部 OK"删除。

3）提示信息适用于显示通用信息。

4）仅生成提示信息。可能会检查信息提示是否成功到达。

5）由于不对提示信息进行管理，故可生成约 300 万条提示信息。

2. 用户自定义的提示信息编程步骤

1）将主程序载入编辑器。

2）为发送人、信息号、信息文本（自 KrlMsg_T），具有 3 个用于参数的参数数组（自 KrlMsgPar_T），通用信息提示选项（自 KrlMsgOpt_T），"handle"（作为 INT）声明工作变量。

3）用所需的值对工作变量进行初始化。

4）给函数调用 Set_KrlMsg(a，b，c，d) 编程。

5）需要时分析"handle"，以确定是否成功生成。

6）关闭并保存主程序。

提示信息如图 5-11 所示。

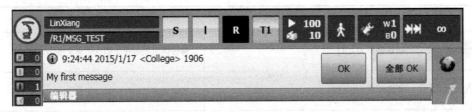

图 5-11 提示信息

3. 图 5-11 提示信息的编程举例

```
DECL KRLMSG_T mymessage
DECL KRLMSGPAR_T Parameter[3]
DECL KRLMSGOPT_T Option
DECL INT handle
 ⋮
mymessage={modul[] "College", Nr 1906, msg_txt[] "My first Message"}
Option= {VL_STOP FALSE, Clear_P_Reset TRUE, Clear_P_SAW FALSE,
Log_to_DB TRUE}
; 通配符为空通配符 [1,…,3]
```

Parameter[1] = {Par_Type #EMPTY}
Parameter[2] = {Par_Type #EMPTY}
Parameter[3] = {Par_Type #EMPTY}
handle = Set_KrlMsg(#NOTIFY, mymessage, Parameter[ ], Option)

5.5.3.2 状态信息

1. 用户自定义的状态信息特点

1）状态信息在信息缓存器中管理。

2）状态信息不可用按键"全部 OK"重新删除。

3）状态信息必须通过程序中的一个函数删除。

4）状态信息同样可在程序复位或退出程序或选择语句时通过信息提示选项中的设置删除。

5）状态信息适用于显示一个状态的变化（例如一个输入端消失）。

6）在信息缓存器中最多可管理 100 条状态信息提示。

7）可在一段时间内停止程序运行，直到触发的状态不复存在。

8）用函数 Clear_KrlMsg(a) 可重新删除状态信息。

2. 用户自定义的状态信息编程步骤

1）将主程序载入编辑器。

2）为发送人、信息号、信息文本（自 KrlMsg_T），具有 3 个用于参数的参数数组（自 KrlMsgPar_T），通用信息提示选项（自 KrlMsgOpt_T），"handle"（作为 INT），检查结果的变量（作为 BOOL），用于删除结果的变量（作为 BOOL）声明工作变量。

3）用所需的值对工作变量进行初始化。

4）给函数调用 Set_KrlMsg(a，b，c，d) 编程。

5）用一个循环停止程序，直到触发的状态不复存在。

6）调用函数 Clear_KrlMsg(a) 删除状态信息。

7）关闭并保存主程序。

状态信息如图 5-12 所示。

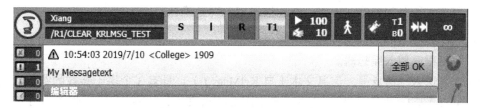

图 5-12　状态信息

3. 图 5-12 状态信息的编程举例

DECL KRLMSG_T mymessage
DECL KRLMSGPAR_T Parameter[3]
DECL KRLMSGOPT_T Option
DECL INT handle
DECL BOOL present, erase1
　⋮
IF $IN[17]==FALSE THEN

```
mymessage={modul[] "College", Nr 1909, msg_txt[] "My Messagetext"}
Option= {VL_STOP FALSE, Clear_P_Reset TRUE, Clear_P_SAW FALSE, Log_to_DB TRUE}
; 通配符为空通配符 [1,…,3]
Parameter[1] = {Par_Type #EMPTY}
Parameter[2] = {Par_Type #EMPTY}
Parameter[3] = {Par_Type #EMPTY}
handle = Set_KrlMsg(#STATE, mymessage, Parameter[ ], Option) ENDIF
erase1=FALSE
; 用于在删除信息提示前停住程序的循环
REPEAT
IF $IN[17]==TRUE THEN
erase=Clear_KrlMsg(handle) ; 删除信息提示
ENDIF
present=Exists_KrlMsg(handle) ; 附加的检测
UNTIL （NOT present） or erase1
```

通过输入端 17（FALSE）删除状态信息。生成信息提示后程序被停住。通过输入端 17 的状态（TRUE）删除信息提示，然后程序继续运行。同样，当程序复位或退出程序时信息提示也将消失。可通过在信息提示选项中设置 Clear_P_Reset TRUE 引发这种情况。

5.5.3.3 确认信息

1. 用户自定义的确认信息特点

1）确认信息在信息缓存器中管理。

2）确认信息可通过按键"OK"或"全部 OK"重新删除。

3）确认信息也可通过程序中的一个函数删除。

4）确认信息同样可在程序复位或退出程序或选择语句时通过信息提示选项中的设置删除。

5）确认信息用于显示用户必须了解的信息。

6）在信息缓存器中最多可管理 100 条确认信息提示。

7）与提示信息相反，用确认信息可检查用户是否对其进行了确认。

8）可在一段时间内停住程序，直到信息提示得到确认。

2. 用户自定义的确认信息编程步骤

1）将主程序载入编辑器。

2）为发送人、信息号、信息文本（自 KrlMsg_T），具有 3 个用于参数的参数数组（自 KrlMsgPar_T），通用信息提示选项（自 KrlMsgOpt_T），"handle"（作为 INT），检查结果的变量（作为 BOOL）声明工作变量。

3）用所需的值对工作变量进行初始化。

4）给函数调用 Set_KrlMsg(a，b，c，d) 编程。

5）用一个循环止住程序。

6）调用函数 Exists_KrlMsg(a) 检查用户是否已确认了信息提示，如果已确认，则退出上述循环。

7）关闭并保存主程序。

确认信息如图 5-13 所示。

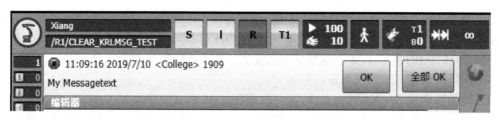

图 5-13　确认信息

3. 图 5-13 确认信息的编程举例

DECL KRLMSG_T mymessage
DECL KRLMSGPAR_T Parameter[3]
DECL KRLMSGOPT_T Option
DECL INT handle
DECL BOOL present
⋮
mymessage={modul[] ″College″, Nr 1909, msg_txt[] ″My Messagetext″}
Option= {VL_STOP FALSE, Clear_P_Reset TRUE, Clear_P_SAW FALSE, Log_to_DB TRUE}
; 通配符为空通配符 [1..3]
Parameter[1] = {Par_Type #EMPTY}
Parameter[2] = {Par_Type #EMPTY}
Parameter[3] = {Par_Type #EMPTY}
handle = Set_KrlMsg(#QUIT, mymessage, Parameter[ ], Option)
; 用于在删除信息提示前停住程序的循环
REPEAT
present=Exists_KrlMsg(handle)
UNTIL（NOT present）

生成信息提示后程序被停住。通过按按键"OK"或"全部 OK"（All OK）可删除该信息提示，然后程序继续运行。

同样，当程序复位或退出程序时信息提示也将消失。可通过在信息提示选项中设置 Clear_P_Reset TRUE 引发这种情况。

5.5.3.4　等待信息

1. 用户自定义的等待信息特点

1）等待信息在信息缓存器中管理。

2）等待信息可用按键"模拟"删除。

3）等待信息不可用按键"全部 OK"重新删除。

4）等待信息同样可在程序复位或退出程序或选择语句时通过信息提示选项中的设置删除。

5）等待信息适用于等待一个状态并在此过程中显示等待图标。

6）在信息缓存器中最多可管理 100 条等待信息提示。

7）可在一段时间内停止程序运行，直到出现等待的状态。

8）通过函数 Clear_KrlMsg(a) 可重新删除等待信息。

2. 给用户自定义的等待信息编程步骤

1）将主程序载入编辑器。

2）为发送人、信息号、信息文本（自 KrlMsg_T），具有 3 个用于参数的参数数组（自 KrlMsgPar_T），通用信息提示选项（自 KrlMsgOpt_T），"句柄"（作为 INT），检查结果的变量（作为 BOOL），用于删除结果的变量（作为 BOOL）声明工作变量。

3）用所需的值对工作变量进行初始化。

4）给函数调用 Set_KrlMsg(a，b，c，d) 编程。

5）用一个循环停住程序，直到出现所期待的状态或通过"模拟"按键删除了信息提示。

6）调用函数 Clear_KrlMsg(a) 删除等待信息。

7）关闭并保存主程序。

等待信息如图 5-14 所示。

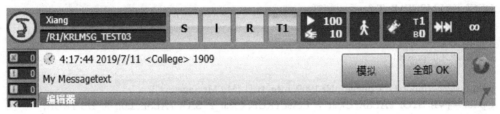

图 5-14　等待信息

3. 图 5-14 等待信息的编程举例

```
DECL KRLMSG_T mymessage
DECL KRLMSGPAR_T Parameter[3]
DECL KRLMSGOPT_T Option
DECL INT handle
DECL BOOL present, erase
⋮
IF $IN[17]==FALSE THEN
mymessage={modul[] "College", Nr 1909, msg_txt[] "My Messagetext"}
Option= {VL_STOP FALSE, Clear_P_Reset TRUE, Clear_P_SAW FALSE, Log_to_DB TRUE}
; 通配符为空通配符 [1,…,3]
Parameter[1] = {Par_Type #EMPTY}
Parameter[2] = {Par_Type #EMPTY}
Parameter[3] = {Par_Type #EMPTY}
handle = Set_KrlMsg(#WAITING, mymessage, Parameter[ ], Option) ENDIF
erase=FALSE
; 用于在删除信息提示前停住程序的循环
REPAEAT
IF $IN[17]==TRUE THEN
erase=Clear_KrlMsg(handle) ; 删除信息提示
ENDIF
present=Exists_KrlMsg(handle) ; 可通过"模拟"删除
UNTIL NOT(present) or erase
```

生成信息提示后程序被停住。通过输入端 17 的状态（TRUE）删除信息提示，然后程序继续运行。同样，当程序复位或退出程序时信息提示也将消失。可通过在信息提示选项中设置 Clear_P_Reset TRUE 引发这种情况。

4. 编程说明

1）定义部分为固定格式，一般定义在 $config 中。如：

DECL KRLMSG_T mymessage
DECL KRLMSGPAR_T Parameter[3]
DECL KRLMSGOPT_T Option
DECL INT handle
DECL BOOL present, erase

2）Option= {VL_STOP FALSE, Clear_P_Reset TRUE, Clear_P_SAW FALSE, Log_to_DB TRUE} 这个选项中变量值的含义：

VL_STOP：TRUE 触发一次预进停止，默认值为 TRUE。

Clear_P_Reset：当复位或反选了程序后，TRUE 将删除所有状态、确认和等待信息，默认值为 TRUE。

Clear_P_SAW：通过按键"选择语句"执行了语句选择后，TRUE 将删除所有状态、确认和等待信息，默认值为 FALSE。

Log_To_DB：TRUE 使该信息提示记录在 Log 数据库中，默认值为 FALSE。

5.5.3.5 对话信息

1. 用户自定义的对话信息特点

1）只有当无其他对话存在时，才能生成一则对话。

2）对话信息可用一个软键删除，该软键的标注由程序员定义。

3）最多能定义 7 个软键。

4）对话信息用于显示用户必须回答的问题。

5）用函数 Set_KrlDlg(a，b，c，d) 可生成一条对话信息。仅仅可生成对话。

6）函数 SetKrlDlg(a，b，c，d) 不等到对话信息得到回答。

7）用函数 Exists_KrlDlg(a，b) 可检查一则特定的对话是否还存在。

8）函数 Exists_KrlDlg(a，b) 也不等到对话得到回答，而是仅在缓存器中查找带有该句柄的对话。

9）KRL 程序中的询问必须循环进行，直至对话得到回答或被删除。

10）对话信息后面的程序流程根据用户所选的软键而定。

对话信息如图 5-15 所示。

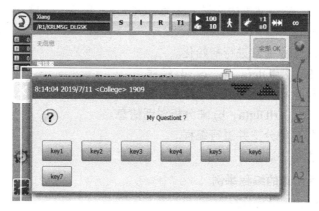

图 5-15 对话信息

2. 图 5-15 的对话信息分析

1）按键的声明和初始化。如：

```
; 准备 7 个可能的软键
DECL KRLMSGDLGSK_T Softkey[7]
; 初始化
softkey[1]={sk_type #value, sk_txt[] "key1"}
softkey[2]={sk_type #value, sk_txt[] "key2"}
softkey[3]={sk_type #value, sk_txt[] "key3"}
softkey[4]={sk_type #value, sk_txt[] "key4"}
softkey[5]={sk_type #value, sk_txt[] "key5"}
softkey[6]={sk_type #value, sk_txt[] "key6"}
softkey[7]={sk_type #value, sk_txt[] "key7"}
```

2）通过 Exists_KrlDlg(a，b) 进行分析：在索引 4 下创建的按键也以 4 作为反馈应答。如：

```
; 第 4 号软键以 4 作为反馈应答
softkey[4]={sk_type #value, sk_txt[] "key4"}
```

若未给所有按键编程或有间断地编程（编号 1、4、6），则按键将并列排布。若仅使用了按键 1、4、6，则只能给出 1、4、6 反馈。如图 5-16 所示。

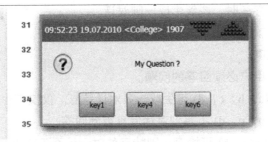

图 5-16　带有 3 个按键的对话信息

3. 给用户自定义的对话信息编程步骤

1）将主程序载入编辑器。

2）为发送人、信息号、信息文本（自 KrlMsg_T），具有 3 个用于参数的参数数组（自 KrlMsgPar_T），7 个可能的按键（自 KrlMsgDlgSK_T），通用信息提示选项（自 KrlMsgOpt_T），"句柄"（作为 INT），检查结果的变量（作为 BOOL），回答按了哪个按键的结果变量（作为 INT）声明工作变量。

3）用所需的值对工作变量进行初始化。

4）给函数调用 Set_KrlDlg(a，b，c，d) 编程。

5）用一个循环停止程序，直到对话得到了回答。

6）调用函数 Exists_KrlDlg(a，b) 来分析对话信息。

7）规划程序中的其他分支并进行编程。

8）关闭并保存主程序。

4. 图 5-16 对话信息的编程举例

```
DECL KRLMSG_T myQuestion
DECL KRLMSGPAR_T Parameter[3]
```

DECL KRLMSGDLGSK_T Softkey[7] ; 准备 7 个可能的软键

DECL KRLMSGOPT_T Option

DECL INT handle, answer

DECL BOOL present

⋮

myQuestion={modul[] ″College″, Nr 1909, msg_txt[] ″My Questiont？″}

Option= {VL_STOP FALSE, Clear_P_Reset TRUE, Clear_P_SAW FALSE, Log_to_DB TRUE}

; 通配符为空通配符 [1,…,3]

Parameter[1] = {Par_Type #EMPTY}

Parameter[2] = {Par_Type #EMPTY}

Parameter[3] = {Par_Type #EMPTY}

softkey[1]={sk_type #value, sk_txt[] ″key1″} ; 按键 1

softkey[2]={sk_type #value, sk_txt[] ″key2″} ; 按键 2

softkey[3]={sk_type #value, sk_txt[] ″key3″} ; 按键 3

softkey[4]={sk_type #value, sk_txt[] ″key4″} ; 按键 4

softkey[5]={sk_type #value, sk_txt[] ″key5″} ; 按键 5

softkey[6]={sk_type #value, sk_txt[] ″key6″} ; 按键 6

softkey[7]={sk_type #value, sk_txt[] ″key7″} ; 按键 7

⋮

handle = Set_KrlMsg(#STATE, mymessage, Parameter[ ], Option)

erase=FALSE

; 用于在删除信息提示前停住程序的循环

REPEAT

IF $IN[17]==TRUE THEN

erase=Clear_KrlMsg(handle) ; 删除信息提示

ENDIF

present=Exists_KrlMsg(handle) ; 附加的检测

UNTIL NOT(present) or erase

…; 生成对话

handle = Set_KrlDlg(myQuestion, Parameter[ ],Softkey[ ], Option)

answer=0

REPEAT ; 用于在回答对话前停住程序的循环

present = exists_KrlDlg(handle ,answer) ; 回答由系统写入 UNTIL NOT(present)

⋮

SWITCH answer

CASE 1 ; 按键 1

; 按键 1 的操作

⋮

CASE 2 ; 按键 2

; 按键 2 的操作

⋮

⋮

CASE 7 ; 按键 7

; 按键 7 的操作

ENDSWITCH

⋮

示教器中完整程序如图 5–17 ～图 5–20 所示。

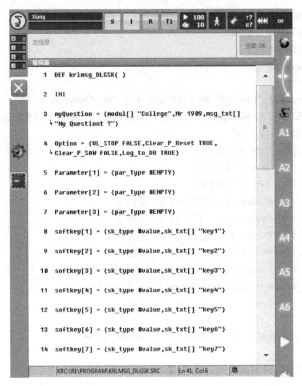

图 5-17　示教器中程序 1

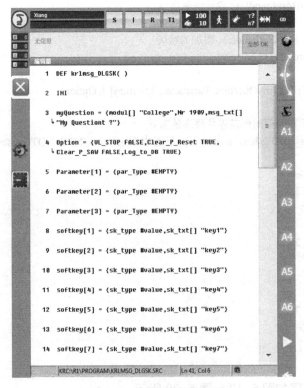

图 5-18　示教器中程序 2

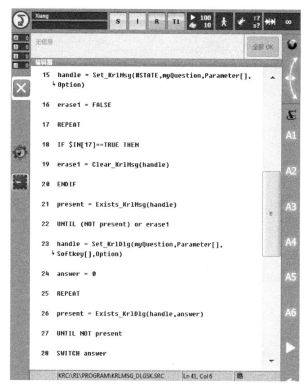

图 5-19 示教器中程序 3

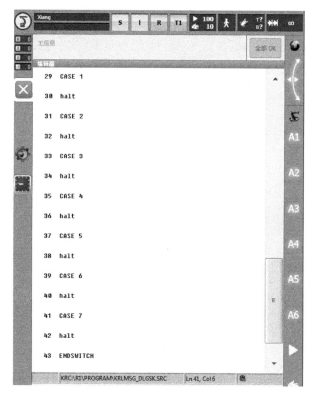

图 5-20 示教器中程序 4

第6章

中断编程

> 中断功能
> 中断程序编程

6.1 中断功能

中断功能允许用户在程序执行的不同时发生事件使用程序语句来反映。这种事件可以是紧急停止、错误信息和输入信号，中断可能的原因和系统对中断声明的各自的定义的反映。中断可以被分配优先权，事件和中断程序可以被调用。在相同的时间内可以调用 32 个中断。声明可以在任何时候被另一个声明覆盖。

当下面所有的四个条件都满足时，定义中断触发一个反映：

1）中断被触发（中断打开）。

2）中断被允许（中断使能）。

3）中断是最高级。

4）有关的事件发生。事件发生由边沿触发。

如果几个中断同时出现，最高级的中断首先执行，然后按优先级从高到低顺序执行。中断直到声明级别后才被发现。高级别的编程尽管中断被激活，中断仍不能识别，即在子程序识别的中断不能被主程序识别。为了识别主程序的中断和级别，它必须作为全局声明。

在事件被发现后，机器人存储当前的位置和调用中断程序。中断可以被本地子程序和外部子程序使用。中断在结束时使用 RETURN 和 END 语句是惯例。中断程序是在随后中断出现的位置恢复（除了 RESUME 的情况）。

在一般程序中触发先前运行中止语句，但不能在子程序中这样做。中断程序运行时，它是逐段地按次序执行。

程序变量 $EM_STOP 和 $STOPMESS 的中断在错误的情况下执行，比如 INTERRUPT 语句不论机器人是否停止都执行（忽视运动指令）。

任何被激活的中断能在操作停止期间发现一次。在系统重新开始后，中断程序按中断优先级的次序发现（如果有使能），程序随后继续。在调用中断程序时，参数正确地传送就像调用一般的子程序一样。

6.1.1 中断程序说明

1. 概述

1）当出现诸如输入等定义的事件时，控制器中断当前程序，并处理一个定义的子程序。

2）由中断而调用的子程序被称为中断程序。

3）允许同时最多声明 32 个中断。

4）在同一个时间最多允许有 16 个中断激活。

2. 使用中断时的重要步骤

1）中断声明。

2）启动 / 关闭或禁止 / 开通中断。

3）需要时停住机器人。

4）需要时废弃当前的轨迹规划，运行一条新的轨迹。

3. 中断声明的原理

1）当出现诸如输入等定义的事件时，控制器中断当前程序，并处理一个定义的子程序。

2）事件和子程序用 INTERRUPT … DECL … WHEN … DO …来定义。

3）中断声明是一个指令。它必须位于程序的指令部分，不允许位于声明部分。

4）声明中断后，要先取消中断，然后再使用时必须先激活中断，才能对定义的事件做出反应。

4. 中断声明的句法

<GLOBAL> INTERRUPT DECL Prio WHEN 事件 DO 中断程序

说明见表 6-1。

表 6-1 中断声明参数说明

参 数	类 型	说 明
GLOBAL		用于识别中断包括子程序以上级别的被声明的中断。如果中断在子程序，那么在主程序调用时是经过验证的
Prio	INT	算术表达式指定先前的中断。先前的级别 1～128 可用，但是系统自动优先分配 40～80 范围保留
事件	BOOL	逻辑表达式定义中断的结果。可用于布尔常量、布尔变量、信号名、比较；简单的逻辑操作：NOT、OR、AND 或 EXORT。不能用于结构部分
中断程序		子程序的名字和参数，它在中断出现时执行

（1）GLOBAL（全局）

1）只有从对其进行声明的层面起才被识别。

2）在一个子程序中，声明的中断在主程序中是未知的，图 6-1 中 Interrupt23 为无效中断。

3）一个在声明的开头写有关键词 GLOBAL 的中断在上一层面也是已知的（此处为中断 2）

（2）Prio：优先级（图 6-2）

1）有优先级 1、2、4～39 和 81～128 可供选择。

2）优先级 3 和 40～80 是预留给系统应用的。

3）某些情况下中断 19 预留给制动测试。

4）如果多个中断同时出现，则先执行最高优先级的中断，然后再执行优先级低的中断。（1= 最高优先级）

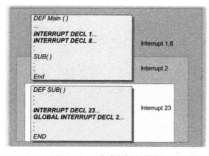

图 6-1 中断的有效性

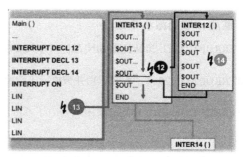

图 6-2 中断的优先级

（3）事件　应出现中断的事件，该事件在出现时通过一个脉冲边沿被识别（脉冲边沿触发）。

（4）中断程序

1）应处理的中断程序的名称。

2）该子程序被称为中断程序。

3）运行时间变量不允许作为参数传递给中断程序。

4）允许使用在一个数据列表中声明的变量。

（5）示例：声明中断

INTERRUPT DECL 23 WHEN $IN[12]==TRUE DO INTERRUPT_PROG(20,VALUE)

说明如下：

1）非全局中断。

2）优先级：23。

3）事件：输入端 12 脉冲正沿。

4）中断程序：INTERRUPT_PROG(20,VALUE)。

声明后取消中断，必须先激活中断，然后才能对定义的事件做出反应。

5. 启动 / 关闭 / 禁止 / 开通中断

1）对中断进行声明后必须接着将其激活。用 INTERRUPT 指令可以激活一个中断、取消激活一个中断、禁止一个中断和开通一个中断。

2）句法：

INTERRUPT 操作 < 编号 >

① 操作：

a. ON：激活一个中断。

b. OFF：取消激活一个中断。

c. DISABLE：禁止一个中断。

d. ENABLE：开通一个原本禁止的中断。

② 编号：

a. 对应于应执行操作的那一中断的编号（＝优先级）。

b. 编号可以省去。

在这种情况下，ON 或 OFF 针对所有声明的中断，DISABLE 或 ENABLE 针对所有激活的中断。

6. 激活和取消激活中断

INTERRUPT DECL 20 WHEN $IN[22]==TRUE DO SAVE_POS( )
⋮
INTERRUPT ON 20　;中断被识别并被执行（脉冲正沿）
⋮
INTERRUPT OFF 20　;中断已关闭

说明：

1）这种情况下，中断由状态的转换而触发，例如，对于 $IN[22]==TRUE 而言，通过 FALSE 到 TRUE 的转换。也就是说，在 INTERRUPT ON 时不允许已是该状态，否则无法触发中断。

2）在此情况下，还必须注意：状态转换最早允许在 INTERRUPT ON 后的一个插值周期进行。可通过在 INTERRUPT ON 后编程设定 WAIT SEC 0.012 来实现。若不希望出现预进停止，则可另外在 WAIT SEC 前再编入一个 CONTINUE。原因是 INTERRUPT ON 需要一个插值周期（=12ms），直到中断真正激活。如果先前变换了状态，中断不能识别这一变换。

7. 中断的禁止和开通

INTERRUPT DECL 21 WHEN $IN[25]==TRUE DO INTERRUPT_PROG( )
⋮

INTERRUPT ON 21
; 中断被识别并被立即执行（脉冲正沿）
⋮

INTERRUPT DISABLE 21
; 中断被识别和保存，但未被执行（脉冲正沿）
⋮

INTERRUPT ENABLE 21
; 现在才执行保存的中断

INTERRUPT OFF 21 ; 中断已关闭

6.1.2 BRAKE：从中断程序上停止机器人

1. 说明

BRAKE 将停止机器人。

1）BRAKE 只能用在一个中断程序或中断声明中。

2）使用中断声明中 BRAKE 的优点是在识别到中断时无延迟地开始制动反应。只在进入了中断程序并且执行带 BRAKE 的行之后，才不会触发制动反应。这表示制动反应不取决于解释器。

3）机器人停下时，中断程序先继续运行。中断程序一结束，机器人运动就将继续进行。

2. 句法格式

BRAKE <F/FF>

参数说明见表 6-2。

表 6-2　参数说明

参　数	说　明
BRAKE	对于不带 F 的 BRAKE 指令，机器人用斜坡停止制动（沿轨迹）。通过连续的倍率减小缓慢制动同步机器人轴并且不离开编程设定的轨迹 应用：在高速时柔和地停止
BRAKE F	对于带 F 的 BRAKE 指令，机器人的制动与沿轨迹紧急停止时相同。尽快制动同步机器人轴，而不离开编程设定的轨迹 应用：在高速时快速停止
BRAKE FF	对于带 FF 的 BRAKE 指令，机器人用转速停止制动（不沿轨迹）。停止所有同步和异步机器人轴并同时离开编程设定的轨迹。在低速范围内，可以达到特别短的制动行程 应用：在低速时极快停止

3. 示例

在粘接应用期间，通过硬件执行的非路径保持的急停，如同使用程序停止粘接应用并且在使能（通过输入 10）后重新在路径上定位粘接。程序如下：

```
DEF STOP SP( )
; 中断程序
BRAKE F
ADHESIVE = FALSE
WAIT FOR $IN[10]
LIN $POS_RET
; 移动枪到轨迹前往的位置
ADHESIVE = TRUE
END
```

6.1.3 RESUME：中止中断程序

1. 说明

1）用于子程序和中断的异常中断。

2）在处理中断期间，RESUME 语句单独执行。因此它能在中断开始模式中单独执行。所有激活的中断程序和子程序直到在当前被声明的中断程序中由于 RESUME 而失效。

2. 句法格式

```
RESUME
```

3. 示例

机器人在编程路径上搜索。零件由连接输入 15 传感器而发现。在找到零件后，机器人不再继续到路径结束点，而是返回中断位置，拾起零件放到放下点。

```
DEF PROG( ); 主程序
⋮
INTERRUPT DECL 1 WHEN $IN[15] DO FOUND( )
⋮
PTP HOMEPOS
⋮
SEARCH( ); 查找路径必须在子程序被编程
LIN SETDOWN POINT
⋮
END
DEF SEARCH( ); 子程序查找零件
LIN START_POINT C_DIS
LIN TARGET_POINT
$ADVANCE=0; 不允许提前运行
END
DEF FOUND( ); 中断程序
INTERRUPT OFF; 中断程序没有执行两次
BRAKE
LIN POS_INT; 返回中断发生的点
…; 拾起零件
```

RESUME ；搜索路径异常中断
END

6.1.4 有关制动机器人或用中断程序中断当前运行的说明

1. 制动机器人

1）应在出现一个事件后立即停住机器人。

2）有两个制动斜坡可供选择（STOP 1 和 STOP 2）。

3）机器人停下时，中断程序先继续运行。

4）中断程序一结束，已开始的机器人运动将继续进行。

5）句法：

BRAKE：STOP 2
BRAKE F：STOP 1
BRAKE 只能用于一个中断程序中。

2. 运动和中断程序

在处理中断程序的同时，机器人运行，中断在程序中的位置和优先级如图 6-3 所示。如果处理中断程序的时间短于主程序中制定的轨迹规划，则机器人可不中断而继续运行。如果中断程序所需的时间长于规划的轨迹，则机器人在其轨迹规划的终点停下，中断程序一执行完毕，它将继续运行。

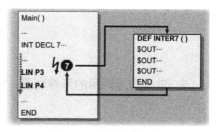

图 6-3　中断的优先级

1）不允许使用用于初始化（INI）或运动（例如 PTP 或 LIN）的联机表单，处理时这些表单将引发出错信息。

2）机器人被 BRAKE 停住后的两种情况：

① 中断程序结束后，机器人沿着主程序中定义的轨迹继续运行。

② 中断程序结束后，沿着一个新轨迹运行，可用 RESUME 指令来实现。

3. 用 RESUME 中断当前运行

1）使用 BRAKE 和 RESUME 中断运行的前提是必须在子程序中编程。

2）RESUME 将中断在声明当前中断的层面以下的所有运行中的中断程序和所有运行中的子程序。

3）在出现 RESUME 指令时，预进指针不允许在声明中断的层面里，而必须至少在下一级层面里。

4）RESUME 只允许出现在中断程序中。

5）中断一旦声明为 GLOBAL，则不允许在中断程序中使用 RESUME。

6）在中断程序中更改变量 $BASE 只在当前中断程序中有效。

7）计算机预进，即变量 $ADVANCE，不允许在中断程序中改变。

8）RESUME 后机器人控制系统的特性取决于以下运动指令：

① PTP 指令：作为 PTP 运动运行。

② LIN 指令：作为 LIN 运动运行。

③ CIRC 指令：始终作为 LIN 运动运行。

在一个 RESUME 后机器人不位于原先的 CIRC 运动起点。因此，将执行与原先规划不同的运动，尤其对 CIRC 运动而言，这将隐藏着明显的潜在危险。

如果 RESUME 后的第一个运动指令是 CIRC 运动，则该运动始终作为 LIN 运动运行。在给 RESUME 指令编程时必须考虑这一特性。机器人必须能够从任何一个它在 RESUME 时可能处于的位置出发以 LIN 运动运行到 CIRC 运动的目标点。如果没有注意这一点，则可能造成人员死亡、身体伤害或财产损失。

4. 精确暂停时用的系统变量（图 6-4）

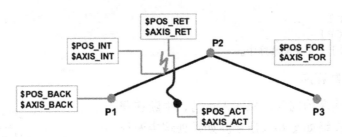

图 6-4　精确暂停时用的系统变量

5. 轨迹逼近时用的系统变量（图 6-5）

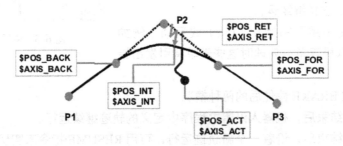

图 6-5　轨迹逼近时用的系统变量

6. 系统变量的说明（表 6-3）

表 6-3　系统变量说明

系 统 变 量	说　明
$POS_INT	笛卡儿坐标系中触发中断的位置
$POS_BACK	笛卡儿坐标系中当前运动程序段的起点
$POS_RET	笛卡儿坐标系中离开轨迹时的位置
$POS_ACT	笛卡儿坐标系中机器人位置
$POS_FOR	笛卡儿坐标系中当前运动程序段的目标位置

6.2 中断程序编程

1. 在机器人运动的同时进行逻辑处理

1）中断声明。

① 确定优先级。

② 决定触发事件。

③ 定义并建立中断程序。

```
DEF MY_PROG( )
INI
INTERRUPT DECL 25 WHEN $IN[99]==TRUE DO ERROR( )
END

DEF ERROR()
END
```

2）激活和关闭中断。

```
DEF MY_PROG( )
INI
INTERRUPT DECL 25 WHEN $IN[99]==TRUE DO ERROR( ) INTERRUPT ON 25
⋮
INTERRUPT OFF 25
END

DEF ERROR()
END
```

3）加入运动行扩展程序，在中断程序中确定操作。

```
DEF MY_PROG( )
INI
INTERRUPT DECL 25 WHEN $IN[99]==TRUE DO ERROR( ) INTERRUPT ON 25
PTP HOME Vel=100% DEFAULT
PTP P1 Vel=100% PDAT1
PTP P2 Vel=100% PDAT2
PTP HOME Vel=100% DEFAULT
INTERRUPT OFF 25
END

DEF ERROR()
$OUT[20]=FALSE
$OUT[21]=TRUE
END
```

2. 停下机器人后进行逻辑处理，然后继续机器人运动

1）中断声明。

① 确定优先级。

② 决定触发事件。

③ 定义并建立中断程序。

④ 激活和关闭中断。

```
DEF MY_PROG( )
INI
INTERRUPT DECL 25 WHEN $IN[99]==TRUE DO ERROR( )
   ⋮
END
```

```
DEF ERROR( )
   ⋮
END
```

2）加入运动行扩展程序，在中断程序中制动机器人并确定逻辑。

```
DEF MY_PROG( )
INI
INTERRUPT DECL 25 WHEN $IN[99]==TRUE DO ERROR( )
INTERRUPT ON 25
PTP HOME Vel=100% DEFAULT
PTP P1 Vel=100% PDAT1
PTP P2 Vel=100% PDAT2
PTP HOME Vel=100% DEFAULT
INTERRUPT OFF 25
END
```

```
DEF ERROR( )
BRAKE
$OUT[20]=FALSE
$OUT[21]=TRUE
END
```

3. 停止当前的机器人运动，返回定位，废弃当前的轨迹规划，运行一条新的轨迹

1）加入运动行扩展程序。

① 为了能够中断，必须在一个子程序中执行运动。

② 预进指针必须留在子程序中。

③ 激活和关闭中断。

```
DEF MY_PROG( )
INI
INTERRUPT DECL 25 WHEN $IN[99]==TRUE DO ERROR( )
SEARCH( )
END
```

```
DEF SEARCH( )
INTERRUPT ON 25
PTP HOME Vel=100% DEFAULT
PTP P1 Vel=100% PDAT1
PTP P2 Vel=100% PDAT2
PTP HOME Vel=100% DEFAULT
WAIT SEC 0 ; 止住预进指针
```

```
INTERRUPT OFF 25
END
```

```
DEF ERROR( )
    ⋮
END
```

2）编辑中断例程。

① 停住机器人。

② 机器人返回定位到 $POS_INT。

③ 废弃当前运动。

④ 在主程序中执行新的运动。

```
DEF MY_PROG( )
INI
INTERRUPT DECL 25 WHEN $IN[99]==TRUE DO ERROR( )
SEARCH( )
END
```

```
DEF SEARCH( )
INTERRUPT ON 25
PTP HOME Vel=100% DEFAULT
PTP P1 Vel=100% PDAT1
PTP P2 Vel=100% PDAT2
PTP HOME Vel=100% DEFAULT
WAIT SEC 0 ; 止住预进指针
INTERRUPT OFF 25
END
```

```
DEF ERROR( )
BRAKE
PTP $POS_INT
RESUME
END
```

第 7 章

程序流程控制

- ➢ CONTINUE: 防止预进停止
- ➢ EXIT: 离开循环
- ➢ FOR…TO…ENDFOR: 编程设定计数循环
- ➢ GOTO: 跳转至程序中的位置
- ➢ HALT: 暂停程序
- ➢ IF…THEN…ENDIF: 编程设定有条件的分支
- ➢ LOOP…ENDLOOP: 编程设定连续循环
- ➢ REPEAT…UNTIL: 编程设定采用的循环
- ➢ SWITCH…CASE…ENDSWITCH: 编程设定多重分支
- ➢ WAIT FOR…: 等至条件已满足
- ➢ WAIT SEC…: 编程设定等待时间
- ➢ WHILE…ENDWHILE: 编程设定当型循环

7.1 CONTINUE：防止预进停止

1．说明

能用系统变量 $ADVANCE 定义先前控制器执行的中断如何动作。在指令关于外围（例如输入 / 输出指令）的情况下，计算机先前的运行总是被停止。为防止这样的事情发生，CONTINUE 语句必须在相应的指令前被编程。

2．句法格式

CONTINUE

3．示例

防止两个预进停止：

```
CONTINUE
$OUT[1]=TRUE
CONTINUE
$OUT[2]=FALSE
```

在该情况下，在预进中设定这些输出端。何时精确地对其进行设定无法预测。

7.2 EXIT：离开循环

1．说明

从循环中跳出，然后在该循环后继续程序。在每个循环中都允许使用 EXIT。

2．句法格式

EXIT

3．示例

如果 $IN[1] 变为 TRUE，则离开循环，然后在 ENDLOOP 后继续执行程序。

```
DEF EXIT_PROG() PTP HOME
LOOP
    PTP POS_1
    PTP POS_2
    IF $IN[1] == TRUE THEN
        EXIT
    ENDIF
    CIRC HELP_1, POS_3
    PTP POS_4
ENDLOOP
PTP HOME
END
```

7.3 FOR…TO…ENDFOR：编程设定计数循环

1．说明

1）执行指令块，直到计数器超出或低于定义的值。

2）在应用块的最后一次执行后，用 ENDFOR 后的第一个指令继续程序。可以用 EXIT 提前离开循环。

3）循环可嵌套。在循环已嵌套时，则首先完整地执行外部循环，然后完整地执行内部循环。

计数循环程序流程图如图 7-1 所示。

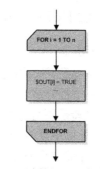

图 7-1　计数循环程序流程图

2. 句法格式

FOR 计数器 = 起始值 TO 终值 <STEP 步幅 >
< 指令 >
ENDFOR

参数说明见表 7-1。

表 7-1　参数说明

参　　数	说　　明
计数器	类型：INT 计算循环次数的变量。预填写为起始值。必须事先声明变量 在指令中可在循环内或循环外使用计数器的值。离开循环后，计数器有最后接受的值
起始值，终值	类型：INT 计数器必须预填写为起始值。每次循环执行结束后，计数器自动以步幅变化。超出或低于终值时，循环终止
步幅	类型：INT 计数器在每次循环执行时变化的数值。该值不得为负。默认值为 1 正值：当计数器大于终值时，循环终止 负值：当计数器小于终值时，循环终止 该值不允许为零或变量

3. 示例

示例 1：变量 B 在 5 个循环中分别增加 1，最后的值是 5。变量 A 的值分别是 1、3、5、7、9，最后的值是 11。

```
DECL INT A,B
INI
B = 0
FOR A=1 TO 10 STEP 2
B=B+1
ENDFOR
```

示例 2：变量 B 在 10 个循环中分别增加 1，最后的值是 10。变量 A 的值从 1 到 10，依次累加，最后的值是 11。

```
DECL INT A,B
INI
B = 0
FOR A=1 TO 10
B=B+1
ENDFOR
```

7.4　GOTO：跳转至程序中的位置

1. 说明

务必跳至程序中指定的位置。程序在该位置上继续运行。跳转目标必须位于与 GOTO 指令相同的子程序或者功能中。

下列跳转是不可行的：

1）从外部跳至 IF 指令。

2）从外部跳至循环语句。

3）从一个 CASE 指令跳至另一个 CASE 指令。

2. 句法格式

GOTO 标签

⋮

标签：

参数说明见表 7-2。

表 7-2　参数说明

参　　数	说　　明
标签	跳转的位置。在目标位置的标签 结尾处必须有一个冒号

3. 示例

务必跳至程序位置 GLUESTOP：

GOTO GLUESTOP

⋮

GLUESTOP:

务必从 IF 指令跳至程序位置结束：

```
IF X>100 THEN
 GOTO ENDE
ELSE
 X=X+1
ENDIF
A=A*X
⋮
ENDE:
END
```

7.5　HALT：暂停程序

1. 说明

停止程序。但是最后一次进行的运动指令仍然完整执行。程序仅可用启动键继续进行。随后执行"停止"之后的下一个指令。中断程序中，程序在预进过程完整地执行完毕后才被停止。

2. 句法格式

HALT

7.6 IF…THEN…ENDIF：编程设定有条件的分支

1. 说明

条件分支。取决于条件，执行第一个指令块（THEN
块）或第二个指令块（ELSE 块），然后在 ENDIF 后继
续程序。

允许缺少 ELSE 块。在条件不满足时，在 ENDIF 后立
即继续程序。指令块中的指令数量没有限制。可以相互嵌
套多个 IF 指令。

IF 分支程序流程图如图 7-2 所示。

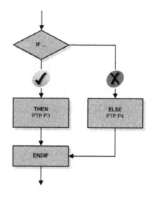

2. 句法格式

IF 条件 THEN
指令
<ELSE
指令 >
ENDIF

参数说明见表 7-3。

图 7-2　IF 分支程序流程图

表 7-3　参数说明

参　数	说　　明
条件	类型：BOOL 形式： 1）BOOL 类型变量 2）BOOL 类型函数 3）运算，例如与 BOOL 类型结果的比较

3. 示例

示例 1：不带 ELSE 的 IF 指令。

IF A==17 THEN
B=1
ENDIF

示例 2：带 ELSE 的 IF 指令。

IF $IN[1]==TRUE THEN
　$OUT[17]=TRUE
ELSE
　$OUT[17]=FALSE
ENDIF

示例 3：有复杂执行条件的 IF 分支。

DEF MY_PROG( )
DECL INT error_nr
⋮
INI
error_nr = 4

⋮

; 仅在 error_nr 等于 1 或 10 或大于 99 时驶至 P21

IF ((error_nr == 1) OR (error_nr == 10) OR (error_nr > 99)) THEN

PTP P21 Vel=100% PDAT21

ENDIF

⋮

END

示例 4：有布尔表达式的 IF 分支。

DEF MY_PROG( )

DECL BOOL no_error

⋮

INI

no_error = TRUE

⋮

; 仅在无故障 (no_error) 时驶至 P21

IF no_error == TRUE THEN

PTP P21 Vel=100% PDAT21

ENDIF

⋮

END

表达式 IF no_error==TRUE THEN 也可以简化为 IF no_error THEN。省略始终表示比较为真（TRUE）。

7.7 LOOP···ENDLOOP：编程设定连续循环

1. 说明

连续重复指令块的循环。可以用 EXIT 离开循环。循环可嵌套。在循环已嵌套时，则首先完整地执行外部循环，然后完整地执行内部循环。

连续循环程序流程图如图 7-3 所示。

2. 句法格式

```
LOOP
指令
ENDLOOP
```

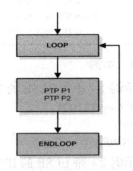

图 7-3 连续循环程序流程图

3. 示例

执行循环，直到输入端 $IN[30] 变为 TRUE。

```
LOOP
LIN P_1
LIN P_2
   IF $IN[30]==TRUE THEN
      EXIT
   ENDIF
ENDLOOP
```

7.8 REPEAT…UNTIL：编程设定采用的循环

1. 说明

直到型循环。重复指令块直到满足特定条件的循环。

至少执行该指令块一次。在每次循环执行后检查条件。如果满足条件，则继续执行 UNTIL 后的下一个指令程序。

循环可嵌套。在循环已嵌套时，则首先完整地执行外部循环，然后完整地执行内部循环。

直到型循环程序流程图如图 7-4 所示。

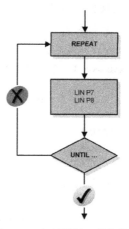

2. 句法格式

REPEAT

指令

UNTIL 中断条件

参数说明见表 7-4。

图 7-4　直到型循环程序流程图

表 7-4　参数说明

参　数	说　明
中断条件	类型：BOOL 形式： 1）BOOL 类型变量 2）BOOL 类型函数 3）运算，例如与 BOOL 类型结果的比较

3. 示例

示例 1：执行循环，直到 $IN[1] 为 TRUE，否则循环就一直进行。

REPEAT

R=R+1

UNTIL $IN[1]==TRUE

示例 2：无论在循环执行之前是否已满足了中断条件，执行一次循环，因为只在循环结束时对中断条件进行询问。执行后 R 的值为 102。

R=101

REPEAT

R=R+1

UNTIL R>100

7.9 SWITCH…CASE…ENDSWITCH：编程设定多重分支

1. 说明

1）根据选择标准从多个可能的指令块中选择一个。每个指令块拥有至少一个标记。选择其标记与选择标准一致的块。

2）如果该块已执行，则在 ENDSWITCH 后继续程序。

3）如果标记与选择标准不一致，则执行 DEFAULT 块。如果没有 DEFAULT 块，则不执行任何块并在 ENDSWITCH 后继续程序。

4）无法用 EXIT 离开 SWITCH 指令。

SWITCH–CASE 分支程序流程图如图 7–5 所示。

2. 句法格式

```
SWITCH 选择标准
CASE 标记 1 <, 标记 2,…>
指令块
<CASE 标记 M <, 标记 N,…>
指令块 >
<DEFAULT
默认指令块 >
ENDSWITCH
```

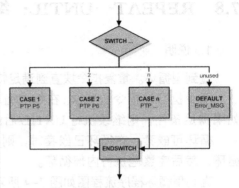

图 7–5 SWITCH-CASE 分支程序流程图

在 SWITCH 指令之内，DEFAULT 只允许出现一次。参数说明见表 7-5。

表 7-5 参数说明

参　数	说　明
选择标准	类型：INT、CHAR、ENUM 可能是所述数据类型的变量、功能调用或表达式
标记	类型：INT、CHAR、ENUM 标记的数据类型必须与选择标准的数据类型一致 一个指令块可以有任意多的标记。多个标记必须通过逗号相互隔开

3. 示例

示例 1：选择标准和标记为 INT 类型。

```
INT VERSION
⋮
SWITCH VERSION
    CASE 1
        UP_1()
    CASE 2
        UP_2()
    CASE 3
        UP_3()
        UP_3A()
    DEFAULT
        ERROR_UP()
ENDSWITCH
```

示例 2：选择标准和标记为 CHAR 类型。在此绝不执行指令 Up_5()，因为事先已使用了标记 C。

```
SWITCH NAME
CASE "A"
UP_1()
CASE "B","C"
UP_2()
UP_3()
CASE "C"
UP_5()
ENDSWITCH
```

7.10 WAIT FOR…: 等至条件已满足

1. 说明

WAIT FOR 停止程序, 直到已满足特定的条件, 然后程序继续运行。WAIT FOR 将触发预进停止。

2. 句法格式

WAIT FOR 条件

参数说明见表 7-6。

表 7-6 参数说明

参 数	说 明
条件	类型: BOOL 要继续程序运行的条件
标记	如果该条件为 FALSE, 则停止程序运行, 直到条件变为 TRUE 如果该条件在 WAIT 调用时已经为 TRUE, 则不停止程序运行

3. 示例

中断程序运行, 直到 $IN[17] 为 TRUE:

WAIT FOR $IN[17]

中断程序运行, 直到 BIT1 为 FALSE:

WAIT FOR BIT1==FALSE

7.11 WAIT SEC…: 编程设定等待时间

1. 说明

停止程序运行并在等待时间后继续程序运行。以秒 (s) 为单位指定等待时间。WAIT SEC 将触发预进停止。

2. 句法格式

WAIT SEC 等待时间

参数说明见表 7-7。

表 7-7 参数说明

参 数	说 明
等待时间	类型: INT、REAL 要中断程序运行的秒数。如果该值为负, 则不等待。在等待时间很短时, 通过 12 ms 的四倍确定精度

3. 示例

中断程序运行 17.156s:

WAIT SEC 17.156

根据 V_ZEIT 的变量值 (单位: s) 中断程序运行:

WAIT SEC V_ZEIT

7.12 WHILE…ENDWHILE：编程设定当型循环

1. 说明

1）当型循环。一直重复指令块直到满足特定条件的循环。

2）如果不满足条件，则用 ENDWHILE 后的下一个指令继续程序。在每次循环执行之前检查条件。如果从一开始就不满足条件，则不执行指令块。

3）循环可嵌套。在循环已嵌套时，则首先完整地执行外部循环，然后完整地执行内部循环。

当型循环程序流程图如图 7-6 所示。

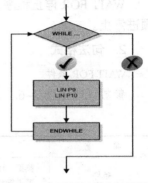

图 7-6 当型循环程序流程图

2. 句法格式

WHILE 重复条件
指令块
ENDWHILE

参数说明见表 7-8。

表 7-8 参数说明

参　数	说　明
重复条件	类型：BOOL 形式： 1）BOOL 类型变量 2）BOOL 类型函数 3）运算，例如与 BOOL 类型结果的比较

3. 示例

示例 1：执行循环 99 次，最后一次执行后 W 的值为 100。

```
W=1
WHILE W<100
W=W+1
ENDWHILE
```

示例 2：执行循环，直到 $IN[1] 为 TRUE。

```
WHILE $IN[1]==TRUE
W=W+1
ENDWHILE
```

第 8 章

提交解释器

➢ SUBMIT 解释器（提交解释器）
➢ 启动提交解释器
➢ SUBMIT 解释器编程时的关联
➢ SUBMIT 解释器编程时的特点
➢ SUBMIT 解释器编程的操作步骤

8.1 SUBMIT 解释器（提交解释器）

1. 在 KSS 8.x 中有两个任务同时运行

1）机器人解释器（运行机器人运动程序及其逻辑）。提交解释器程序路径为：KRC\
R1\System（用户等级提高才能查看到），如图 8-1 所示。

2）控制解释器（运行一个并行控制程序）。程序 SPS.SUB 的结构如图 8-2 所示。

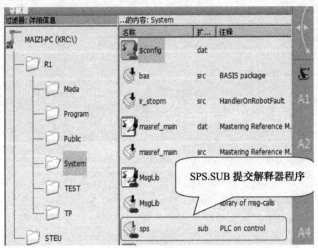

图 8-1 机器人解释器

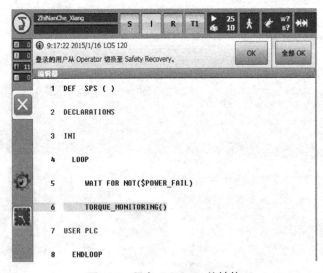

图 8-2 程序 SPS.SUB 的结构

2. SUBMIT 解释器的状态（图 8-3）

图 8-3 SUBMIT 解释器的状态

3. 控制解释器

1）可自动或手动启动。

2）可手动停止或反选。

3）可承担机器人环境的操作和控制任务。

4）默认情况下以名称 SPS.SUB 建立在目录 R1/SYSTEM 下。

5）可用 KRL 指令语句编程。

6）不能处理与机器人运动有关的 KRL 指令。

7）允许附加轴的异步运动。

8）可对系统变量进行读写访问。

9）可对输入 / 输出端进行读写访问。

4. 手动停止或取消选择提交解释器

1）前提条件：

① 使用专家用户组。

② 运行方式为 T1 或 T2。

2）操作步骤：在主菜单中选择配置→ SUBMIT 解释器→停止或取消。

3）可选的操作步骤：在状态栏中触摸状态显示提交解释器，打开一个窗口，选择停止或取消。

4）指令说明：见表 8-1。

表 8-1　指令说明

指　　令	说　　明
停止	提交解释器被停止。如果重新启动提交解释器，则提交程序将从其中断位置起继续运行
取消	提交解释器被取消选择

在停止或取消选择后，提交解释器在状态栏中的图标显示为红色或灰色。

8.2　启动提交解释器

1）前提条件：

① 使用专家用户组。

② 运行模式为 T1 或 T2。

③ 提交解释器已被停止或取消选择。

2）操作步骤：在主菜单中选择配置→ SUBMIT 解释器→选择 / 启动。

3）可选的操作步骤：在状态栏中触摸状态显示提交解释器，打开一个窗口，选择选择 / 启动。

4）说明：如果提交解释器已取消，启动 / 选择命令选择程序 SPS.SUB。

如果此前停止了提交解释器，则启动 / 选择命令将会在中断位置继续运行所选择的程序。在启动之后，提交解释器在状态栏中的图标显示为绿色。

指令说明见表 8-2。

表 8-2 指令说明

指 令	颜 色	说 明
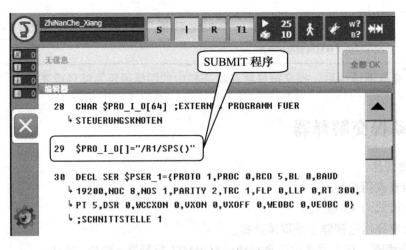 S	黄色	选择了提交解释器。语句指针位于所选 SUB 程序的首行
S	绿色	已选择 SUB 程序并且正在运行

8.3 SUBMIT 解释器编程时的关联

SUBMIT 解释器不能用于对时间要求严格的应用场合。对这种情况必须采用 PLC。原因:

1) SUBMIT 解释器与机器人解释器和 I/O 管理器共享系统功率,其中,机器人解释器和 I/O 管理器具有更高的优先级。因此,SUBMIT 解释器不会定期在机器人控制系统的 12ms 插值周期内连续运行。

2) SUBMIT 解释器的运行时间无规律可循。SUBMIT 解释器的运行时间受 SUB 程序行数的影响。注释行和空行对其也有影响。

3) 自动启动 SUBMIT 解释器。

① SUBMIT 解释器在机器人控制系统接通时自动启动。

② 启动的是在 KRC/STEU/MADA/$custom.dat 文件中定义的程序,默认定义的程序是 SPS ( ),如图 8-4 所示。

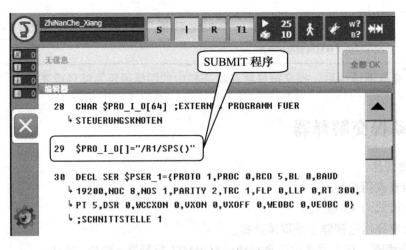

图 8-4 默认定义的程序

4) 手动操作 SUBMIT 解释器。

① 通过菜单序列配置→ SUBMIT 解释器→启动 / 选择选择操作。

② 通过状态显示 SUBMIT 解释器中的状态栏直接操作。触摸时将打开一个含有可执行选项的窗口。

注意: 如果 $config.dat 或 $custom.dat 的系统文件因被改动而出错,则 SUBMIT 解释器将被自动反选（灰色）。纠正系统文件中的错误后，必须再手动选择 SUBMIT 解释器。

将程序 SPS 更改为 SPS_001，如图 8-5 所示，启动提交解释器后报警"无法找到文件：/R1/SPS_001"，如图 8-6 所示。

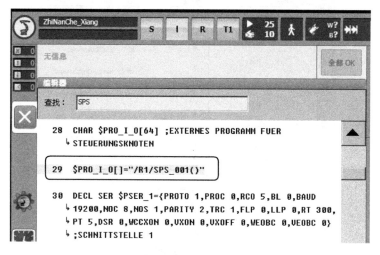

图 8-5　将程序 SPS 更改为 SPS_001

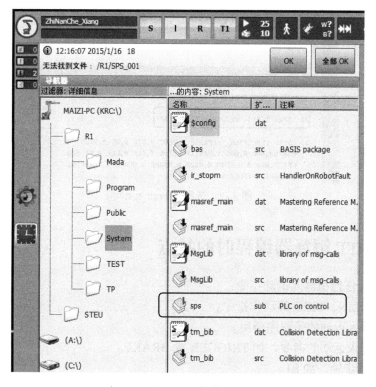

图 8-6　报警

如若消除以上错误，可以在 R1/System/ 下把 SPS 程序名称更改为 sps_001，如图 8-7 所示。

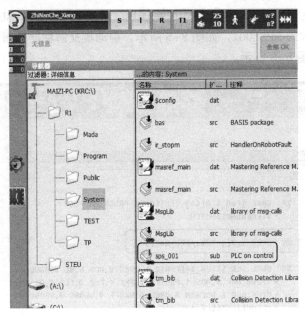

图 8-7 sps_001

选择用户自定义的 SUBMIT 程序 Submit_test。如图 8-8 所示。

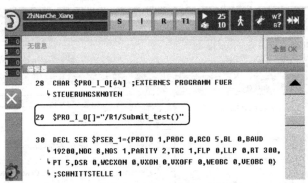

图 8-8 选择 Submit_test

8.4 SUBMIT 解释器编程时的特点

1）不能执行任何机器人运动指令：

① 如 PTP、LIN、CIRC 等动作指令。

② 包含机器人运动的子程序调用。

③ 针对机器人运动的指令，如 TRIGGER 或 BRAKE。

2）可控制异步轴，如 E1。

```
IF(($IN[12]==TRUE)AND(NOT $IN[13]== TRUE))THEN
ASYPTP{E1 45}
    ⋮
IF((NOT $IN[12]==TRUE)AND($IN[13]== TRUE))THEN
```

ASYPTP{E1 0}

通过上面程序可以通过外部信号控制外部轴转动到指定的位置。

3）位于 LOOP 和 ENDLOOP 行之间的指令始终在"后台"处理。

4）要避免由等待指令或等待循环造成任何会进一步推迟处理 SUBMIT 解释器的停止。

5）可切换输出端。

注意：

1）对机器人解释器与 SUBMIT 解释器是否同时访问同一个输出端不予检查，因此用户必须仔细检查输出端的分配，否则可能会在例如安全装置处出现意外的输出信号，造成操作人员死亡、重伤或巨大的财产损失。

2）尽量避免通过 SUBMIT 解释器更改与安全相关的信号和变量（例如运行方式、紧急停止、保护门触点）。如需进行更改，则在连接所有与安全有关的信号和变量时必须使其不会由 SUBMIT 解释器或 PLC 引致威胁安全的状态。

8.5 SUBMIT 解释器编程的操作步骤

1）在停止或反选的状态编程。

2）标准程序 sps.sub 被载入编辑器。

3）执行必要的声明和初始化。为此应使用准备好的 Fold。

4）在 Fold USER PLC 中扩展程序。

5）关闭并保存 SUBMIT 解释器。

6）如果不能自动提交（SUBMIT），则手动启动。

根据 SUBMIT 解释器中快闪编程的程序举例：

```
DEF SPS( )
DECLARATIONS
DECL BOOL flash ; 在 $CONFIG.dat 中声明
INI
flash = FALSE
$TIMER[32]=0 ; 复位 TIMER[32]
$TIMER_STOP[32]=false ; 启动 TIMER[32]
    ⋮
LOOP
    ⋮
USER PLC
IF ($TIMER[32]>500) AND (flash==FALSE) THEN
  flash=TRUE
ENDIF
IF $TIMER[32]>1000 THEN
  flash=FALSE
  $TIMER[32]=0
ENDIF
; 分配给一个灯（输出端 99）
$OUT[99] = flash
    ⋮
ENDLOOP
```

第 9 章

双工位码垛工作站

➢ 工作站布局
➢ 工作流程
➢ 程序详细说明

9.1　工作站布局

　　双工位码垛工作站是常见的两进两出，即两条产品输送线，两个产品输送位，工作站没有自动托盘更换装置，需要人为更换托盘，如图9-1所示。

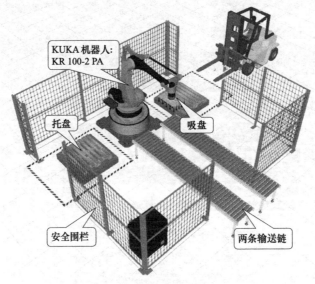

图 9-1　双工位码垛工作站布局

码垛垛型如图9-2所示。

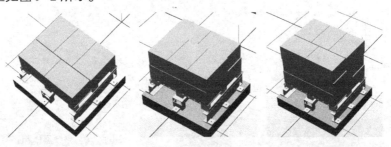

图 9-2　垛型

码垛顺序如图9-3所示。

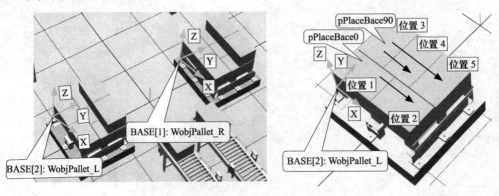

图 9-3　码垛顺序

9.2 工作流程

1. 工作流程说明

输送链上的产品到达位置后，产品到位信号和托盘到位信号同时检测到后，机器人移动至抓取位置开始抓取，然后依次进行放置，等到放置数量达到 15 个后，停止码垛并输出托盘满载信号，提示更换托盘，更换托盘后又一循环开始。如果左右工位条件均满足的情况下，码垛交替运行。

如图 9-3 所示，位置点 pPlaceBace0 和 pPlaceBace90 是示教的两个基本位置，摆放的其他位置都是基于这两个基本点进行位置计算的。同时为了示教方便以及为其他放置位置偏移计算提供方向，需要定义基坐标系，如图 9-3 左图左边的基坐标 BASE[1]:WobjPallet_L，同理也需要在右边同样位置定义一个基坐标系 BASE[2]:WobjPallet_R。

2. I/O 信号分配（表 9-1）

表 9-1　I/O 信号分配

名　　称	信 号 类 型	逻 辑 地 址	信 号 注 释
I_BoxInPos_L	IN	100	左侧输入产品到位信号
I_BoxInPos_R	IN	101	右侧输入产品到位信号
I_PalletInPos_L	IN	102	左侧托盘到位信号
I_PalletInPos_R	IN	103	右侧托盘到位信号
O_Suction	OUT	100	吸盘抽真空信号
O_Blow	OUT	101	吸盘吹气信号
O_PalletFull_L	OUT	102	左侧托盘满载信号（指示灯）
O_PalletFull_R	OUT	103	右侧托盘满载信号（指示灯）

9.3 程序详细说明

1. 掌握要点

1）输入输出信号定义和变量定义。
2）创建基坐标系，如图 9-4 所示。
3）数组的应用。
4）中断的应用。
5）功能程序。
6）工位码垛编程。

2. 程序名称

程序名称说明见表 9-2。

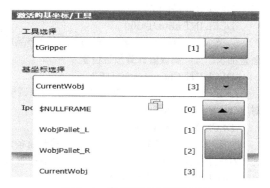

图 9-4　定义的三个基坐标系

表 9-2　程序名称说明

程 序 名 称	说　　明
MAIN	主程序
InitALL	初始化程序，用于初始化程序数、I/O 信号
Pick	抓取产品程序
Place	放置产品程序
CycleCheck	循环检测程序
Pattern	计算位置，包括抓取位置、抓取安全位置、放置位置等
PlaceRD	计算放置位置功能程序，E6POS 类型
CheckHomePos	检测机器人是否在 HOME 位，若不在则自动返回 HOME 位
ModPos	示教位置点
CalPosition	左右放置位置赋值

9.3.1　在 config.dat 中定义信号和相关变量

DECL INT nCount_L
DECL INT nCount_R
；定义整数型变量，分别用于左侧、右侧码垛计数，在计算位置子程序中根据该计数计算出相应的放置位置

DECL INT nPallet = 1
；定义整数型变量，利用 SWITCH 指令判断此数值，从而决定执行哪侧的码垛任务，1 为左侧，2 为右侧

DECL INT nPalletNo = 1
；定义整数型变量，利用 SWITCH 指令判断此数值，从而决定执行哪垛计数累计，1 为左侧，2 为右侧

DECL INT nPickH = 300
DECL INT nPlaceH = 400
；定义整数型变量，分别对应的是抓取、放置时的一个高度。例如 nPickH=300, 则表示机器人快速移动至抓取位置上方 300mm 处，然后慢速移动至抓取位置，接着慢速将产品提升至抓取位置上方 300mm 处，最后再快速移动至其他位置

DECL INT nBoxL=605
DECL INT nBoxW=405
DECL INT nBoxH=300
；定义三个整数型变量，分别对应的是产品的长、宽、高。在计算位置程序中，通过在放置基准点上面叠加长、宽、高数值计算放置位置

DECL INT Compensation[15,3]
；定义二维数组，用于各摆放位置的偏差调整；15 组数据，对应 15 个摆放位置，每组数据 3 个数值，对应 X、Y、Z 的偏差值

DECL BOOL bReady
；定义布尔型变量，作为主程序逻辑判断条件，当左右两侧有任何一侧满足码垛条件时，此布尔量均为 TRUE, 即机器人会执行码垛任务，否则该布尔量为 FALSE, 机器人会等待直至条件满足

DECL BOOL bPalletFull_L
DECL BOOL bPalletFull_R

; 定义两个布尔型变量，左右两侧托盘码垛满时的标志，用于码垛条件的判断
DECL BOOL bGetPosition
; 定义布尔型变量，判断是否已计算出当前取放位置
SIGNAL I_BoxInPos_L $in[100]
SIGNAL I_BoxInPos_R $in[101]
; 定义信号左侧和右侧输送链产品到位检测输入信号
SIGNAL I_PalletInPos_L $in[102]
SIGNAL I_PalletInPos_R $in[103]
; 定义信号左侧和右侧托盘到位检测输入信号
SIGNAL O_Suction $out[101]
SIGNAL O_Blow $out[102]
; 定义吸盘吸气和吹气输出信号
SIGNAL O_PalletFull_L $out[103]
SIGNAL O_PalletFull_R $out[104]
; 定义左右托盘码满对外输出的指示灯信号

9.3.2 定义全局位置点数据

1. 示教位置点程序 ModPos.src

```
DEF ModPos( )
INI
PTP pPlaceBase0_L Vel=100 % PDAT1 Tool[1]:tGripper Base[1]:WobjPallet_L
; 左侧不旋转放置基准位置（需要手动示教位置）
PTP pPlaceBase90_L Vel=100 % PDAT2 Tool[1]:tGripper Base[1]:WobjPallet_L
; 左侧旋转 90° 放置基准位置（需要手动示教位置）
PTP pPlaceBase0_R Vel=100 % PDAT3 Tool[1]:tGripper Base[2]:WobjPallet_R
; 右侧不旋转放置基准位置（需要手动示教位置）
PTP pPlaceBase90_R Vel=100 % PDAT4 Tool[1]:tGripper Base[2]:WobjPallet_R
; 左侧旋转 90° 放置基准位置（需要手动示教位置）
PTP pPick_L Vel=100 % PDAT5 Tool[1]:tGripper Base[0]
; 左侧抓取位置（需要手动示教位置）
PTP pPick_R Vel=100 % PDAT6 Tool[1]:tGripper Base[0]
; 右侧抓取位置（需要手动示教位置）
PTP pPlaceBase0 Vel=100 % PDAT7 Tool[1]:tGripper Base[3]:CurrentWobj
PTP pPlaceBase90 Vel=100 % PDAT8 Tool[1]:tGripper Base[3]:CurrentWobj
PTP pPick Vel=100 % PDAT9 Tool[1]:tGripper Base[0]
PTP pPickSafe Vel=100 % PDAT12 Tool[1]:tGripper Base[0]
PTP pPlace Vel=100 % PDAT10 Tool[1]:tGripper Base[3]:CurrentWobj
PTP pTarget1 Vel=100 % PDAT14 Tool[1]:tGripper Base[3]:CurrentWobj
; 定义目标点数据，这些数据是机器人当前使用的目标点。当在左侧、右侧码垛时，将对应的左侧、右侧
基准点赋值给这些数据（不需要手动示教位置）
END
```

2. 示教位置点程序 ModPos.dat（图 9-5）

以上的示教位置点要在其他程序中进行使用，所以以上位置点都需要定义为全局变量，在 ModPos.dat 文件中进行声明和定义。

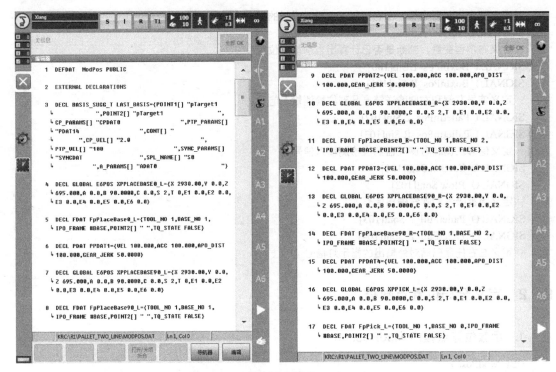

图 9-5　示教位置点程序 ModPos.dat

pPlaceBase0、pPlaceBase90、pPick、pPickSafe、pPlace、pTarget1 位置变量为中间过程变量。

9.3.3　程序框架和详细说明

示教器中所有程序如图 9-6 所示。

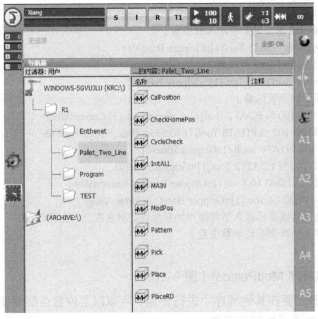

图 9-6　示教器中所有程序

9.3.3.1　主程序 MAIN.src 和中断程序

```
DEF MAIN( )
;FOLD INI
 ;FOLD BASISTECH INI
GLOBAL INTERRUPT DECL 3 WHEN $STOPMESS==TRUE DO IR_STOPM ( )
INTERRUPT ON 3
GLOBAL INTERRUPT DECL 21 WHEN I_PalletInPos_L==FALSE DO ChangePallet_L ( )
;定义左侧托盘更换中断程序，当 I_PalletInPos_L 左侧托盘检测信号由 TRUE 变为 FALSE 时，激活中断程
序 ChangePallet_L ( )
INTERRUPT ON 21
; 激活中断 21
    GLOBAL INTERRUPT DECL 22 WHEN I_PalletInPos_R==FALSE DO ChangePallet_R ( )
    ;定义左侧托盘更换中断程序，当 I_PalletInPos_R 左侧托盘检测信号由 TRUE 变为 FALSE 时，激活中
断程序 ChangePallet_R ( )
    INTERRUPT ON 22
    ; 激活中断 22
      BAS (#INITMOV,0 )
      ;ENDFOLD (BASISTECH INI)
      ;FOLD USER INI
      ;ENDFOLD (USER INI)
      ;ENDFOLD (INI)
    InitALL ( )
    ; 调用初始化程序，包括复位信号、复位程序数据等
    LOOP
    ; 利用 LOOP 循环，将初始化程序隔离开，即只在第一次运行时需要执行一次初始化程序，之后循环
执行拾取放置动作
      IF bReady == TRUE THEN
      ; 利用 IF 条件判断，当左右两侧至少有一侧满足码垛条件时，判断条件 bReady 为 TRUE, 机器人则执
行码垛任务
       Pick ( )
       ; 调用抓取程序
       Place ( )
       ; 调用放置程序
      ENDIF
      CycleCheck ( )
      ; 调用循环检测程序，里面包含码垛个数、判断当前左右两侧状况等
    ENDLOOP
    END
    -----------------------------------------------------------
    DEF ChangePallet_L ( )  ; 更换右侧托盘中断程序
    bPalletFull_L = FALSE
    ; 左侧托盘满载状态复位
    END
    -----------------------------------------------------------
    DEF ChangePallet_R ( )  ; 更换右侧托盘中断程序
    bPalletFull_R = FALSE
    ; 右侧托盘满载状态复位
    END
```

9.3.3.2 初始化程序 InitALL.src

```
DEF InitALL ( )
DECL INT I
DECL INT II
INI
CheckHomePos ( )
; 调用检测 Home 点程序，若机器人在 Home 点，则直接执行后面的指令，否则机器人先安全返回
Home 点，然后再执行后面的指令
DECL INT Count_L = 1
DECL INT Count_R = 1
; 初始化左右两侧码垛计数数据
FOR I = 1 TO 15
  FOR II = 1 TO 3
    Compensation[I,II] = 0
  ENDFOR
ENDFOR
; 初始化数组 Compensation[I,II], 摆放位置的偏差
DEL INT Pallet = 1
; 初始化两侧码垛任务标识，1 为左侧，2 为右侧
DEL INT PalletNo = 1
; 初始化两侧码垛计数累计标识，1 为左侧，2 为右侧
DECL BOOL bPalletFull_L
DECL BOOL bPalletFull_R
; 初始化左右两侧码垛满载布尔量
DECL BOOL GetPosition
; 初始化计算位置标识，FALSE 为未完成计算，TRUE 为已完成计算
O_Suction = FALSE
O_Blow = FALSE
; 初始化吸盘信号，关闭吸气和吹气
$TIMER_STOP[1] = FALSE
$TIMER[1] = 0
; 计时器 1 停止，并初始化为 0
END
```

9.3.3.3 抓取程序 Pick.src

```
DEF Pick ( )
INI
$TIMER_STOP[1] = FALSE
; 计时器 1 开始计时
XpPick_H = XpPick
; 使抓取上方位置和抓取位置相同，抓取位置为示教点位
XpPick_H.Z = XpPick.Z + nPickH
; 抓取上方位置在抓取位置点 Z 方向偏移 nPickH 值
PTP pPick_H Vel=100 % PDAT1 Tool[1]:tGripper Base[0]
; 利用 PTP 移动到抓取上方位置
LIN pPick Vel=2 m/s CPDAT1 Tool[1]:tGripper Base[0]
; 利用 LIN 移动到抓取位置
O_Blow = FALSE
O_Suction = TRUE
```

  ; 吸盘吸紧
  WAIT SEC 0.3
; 等待吸真空时间，等待时间根据实际情况来调整其大小；若有吸紧反馈信号，则可利用 Wait for 指令等
待反馈信号变为 1，从而替代固定的等待时间
  LIN pPickSafe Vel=2 m/s CPDAT2 Tool[1]:tGripper Base[0]
; 利用 LIN 离开抓取位置，到达抓取上方安全位置点
  END

9.3.3.4　放置程序 Place.src

  DEF Place ( )
  INI
  XpPlace_H = XpPlace
  ; 使放置上方位置和抓取位置相同，XpPlace 放置位置为示教点位
  XpPlace_H.Z = XpPlace.Z + nPlaceH
  ; 放置上方位置在放置位置 Z 方向偏移 nPlaceH 值
  PTP pPlace_H Vel=100 % PDAT1 Tool[1]:tGripper
  Base[3]:CurrentWobj
  ; 利用 PTP 移动到放置位置上方位置
  LIN pPlace Vel=2 m/s CPDAT1 Tool[1]:tGripper Base[3]:CurrentWobj
  ; 利用 LIN 移动到放置位置
  O_Suction = FALSE
  O_Blow = TRUE
  ; 吸盘放松
  LIN pPlace_H Vel=2 m/s CPDAT2 Tool[1]:tGripper Base[3]:CurrentWobj
  ; 利用 LIN 移动到放置位上方位置
  PlaceRD ( )
; 调用放置计数程序，其中会执行计数加 1 操作，并判断当前码盘是否已满载
  PTP pPickSafe Vel=100 % PDAT3 Tool[1]:tGripper Base[0]
; 利用 PTP 移动至抓取安全位置，以等待执行下一次循环
  $TIMER_STOP[1] = TRUE
  ; 计时器 1 停止计时
END

9.3.3.5　周期循环检查程序 CycleCheck.src

  DEF CycleCheck ( )
  INI
  IF ((bPalletFull_L==FALSE) AND (I_BoxInPos_L==TRUE) AND (I_PalletInPos_L==TRUE)) OR
((bPalletFull_R==FALSE) AND (I_BoxInPos_R==TRUE) AND (I_PalletInPos_R==TRUE)) THEN
  bReady = TRUE
  ELSE
  bReady = FALSE
  ENDIF
; 判断当前工作站状况，只要左右两侧有任何一侧满足码垛条件，即满载信号、输送链上产品到位信号、
托盘到位信号 3 个信号同时满足，则布尔量 bReady 为 TRUE，机器人继续执行码垛任务；否则布尔量
bReady 为 FALSE，机器人则等待码垛条件的满足
END

9.3.3.6 位置计算程序 CalPosition.src

```
DEF CalPosition ( )
INI
bGetPosition = FALSE
; 复位完成计算位置标识
WHILE bGetPosition == FALSE
; 若未完成计算位置，则重复执行 WHILE 循环
SWITCH nPallet
```
; 利用 SWITCH 判断执行码垛检测标识 nPallet 的数值，1 为左侧，2 为右侧
```
CASE 1
; 若为 1，则执行左侧检测
IF ((bPalletFull_L==FALSE) AND (I_PalletInPos_L==TRUE) AND (I_BoxInPos_L==TRUE)) THEN
```
; 判断左侧是否满足码垛条件，若条件满足则将左侧的基准位置数值赋值给当前执行位置数据
```
XpPick = XpPick_L
```
; 将左侧抓取目标点数据赋值给当前抓取目标点
```
XpPlaceBase0 = XpPlaceBase0_L
XpPlaceBase90 = XpPlaceBase90_L
```
; 将左侧放置位置基准目标点数据赋值给当前放置位置基准点
```
BASE_DATA[3] = BASE_DATA[1]
```
; 将左侧码盘工件坐标系数据赋值给当前工件坐标系
```
XpPlace = Pattern(nCount_L)
```
; 调用计算放置位置功能程序，同时写入左侧计数参数，从而计算出当前需要摆放的位置数据，并赋值给当前放置目标点
```
bGetPosition = TRUE
```
; 已完成计算位置，则将完成计算位置标识为 TRUE
```
nPalletNo = 1
```
; 将码垛计数标识置为 1，则后续会执行左侧码垛计算累计
```
ELSE
bGetPosition = FALSE
```
; 若左侧不满足码垛任务，则完成计算位置位置标识置为 FALSE，则程序会再次执行 WHILE 循环
```
ENDIF
nPallet = 2
```
; 将码垛检测标识置为 2，则下次执行 WHILE 循环时检测右侧是否满足码垛条件
```
CASE 2
; 若为 2，则执行右侧检测
IF ((bPalletFull_R==FALSE) AND (I_PalletInPos_R==TRUE) AND (I_BoxInPos_R==TRUE)) THEN
```
; 判断右侧是否满足码垛条件，若条件满足则将左侧的基准位置数值赋值给当前执行位置数据
```
XpPick = XpPick_R
```
; 将右侧抓取目标点数据赋值给当前抓取目标点
```
XpPlaceBase0 = XpPlaceBase0_R
XpPlaceBase90 = XpPlaceBase90_R
```
; 将右侧放置位置基准目标点数据赋值给当前放置位置基准点
```
BASE_DATA[3] = BASE_DATA[2]
```
; 将左侧码盘工件坐标系数据赋值给当前工件坐标系
```
XpPlace = Pattern(nCount_R)
```
; 调用计算放置位置功能程序，同时写入右侧计数参数，从而计算出当前需要摆放的位置数据，并赋值给当前放置目标点
```
bGetPosition = TRUE
```
; 已完成计算位置，则将完成计算位置标识为 TRUE
```
nPalletNo = 2
```

; 将码垛计数标识置为 2，则后续会执行右侧码垛计算累计

    ELSE

      bGetPosition = FALSE

; 若左侧不满足码垛任务，则完成计算位置位置标识置为 FALSE，则程序会再次执行 WHILE 循环

    ENDIF

      nPallet = 1

; 将码垛检测标识置为 1，则下次执行 WHILE 循环时检测左侧是否满足码垛条件

    ENDSWITCH

    ENDWHILE

END

9.3.3.7 计算摆放位置功能程序 Pattern.src

    DEFFCT E6POS pattern(nCount:IN)

; 计算摆放位置功能程序，调用时需写入计数参数，以区别计算左侧或右侧的摆放位置，返还值类型为 E6POS

    DECL INT nCount

    ; 定义整数型变量 nCount

    IF (nCount>=1) AND (nCount<=5) THEN

    XpPickSafe = XpPick

    XpPickSafe.Z = XpPick.Z + 400

    ENDIF

    IF (nCount>=6) AND (nCount<=10) THEN

    XpPickSafe = XpPick

    XpPickSafe.Z = XpPick.Z + 600

    ENDIF

    IF (nCount>=11) AND (nCount<=15) THEN

    XpPickSafe = XpPick

    XpPickSafe.Z = XpPick.Z + 800

    ENDIF

; 利用 IF 判断当前码垛是第几层（本案例中每层堆放 5 个产品），根据判断结果来设置抓取安全位置，以保证机器人不会与已码垛产品发生碰撞，抓取安全高度设置由现场实际情况来调整。此案例中的安全位置是以抓取点为基准偏移出来的，在实际中也可单独示教一个抓取点后的安全目标点，同样也是根据码垛层数的增加而改变该安全目标点的位置

    SWITCH nCount

; 判定计数 nCount 的数值，根据此数据的不同数值计算出不同摆放位置的目标点数据

    CASE 1

    XpTarget1 = XpPlaceBase0

    XpTarget1.X = XpPlaceBase0.X + Compensation[nCount,1]

    XpTarget1.Y = XpPlaceBase0.Y + Compensation[nCount,2]

    XpTarget1.Z = XpPlaceBase0.Z + Compensation[nCount,3]

; 若为 1，则放置在第一个摆放位置，以摆放基准点为基准，分别在 X、Y、Z 方向做相应的偏移。为方便对各个摆放位置进行微调，采用数组 Compensation[nCount,1] 在 X、Y、Z 方向上进行调整。例如摆放第一个位置时 nCount = 1，如果发现第一个摆放位置向 X 负方向偏了 5mm，则只需将程序数据数组 Compensation[1,1] 的值设为 5，即可对其 X 方向摆放位置进行微调。

    CASE 2

    XpTarget1 = XpPlaceBase0

    XpTarget1.X = XpPlaceBase0.X + Compensation[nCount,1] + nBoxL

    XpTarget1.Y = XpPlaceBase0.Y + Compensation[nCount,2]

    XpTarget1.Z = XpPlaceBase0.Z + Compensation[nCount,3]

CASE 3
XpTarget1 = XpPlaceBase90
XpTarget1.X = XpPlaceBase90.X + Compensation[nCount,1]
XpTarget1.Y = XpPlaceBase90.Y + Compensation[nCount,2]
XpTarget1.Z = XpPlaceBase90.Z + Compensation[nCount,3]

CASE 4
XpTarget1 = XpPlaceBase90
XpTarget1.X = XpPlaceBase90.X + Compensation[nCount,1] + nBoxW
XpTarget1.Y = XpPlaceBase90.Y + Compensation[nCount,2]
XpTarget1.Z = XpPlaceBase90.Z + Compensation[nCount,3]

CASE 5
XpTarget1 = XpPlaceBase90
XpTarget1.X = XpPlaceBase90.X + Compensation[nCount,1] + 2*nBoxW
XpTarget1.Y = XpPlaceBase90.Y + Compensation[nCount,2]
XpTarget1.Z = XpPlaceBase90.Z + Compensation[nCount,3]

CASE 6
XpTarget1 = XpPlaceBase0
XpTarget1.X = XpPlaceBase0.X + Compensation[nCount,1]
XpTarget1.Y = XpPlaceBase0.Y + Compensation[nCount,2] + nBoxL
XpTarget1.Z = XpPlaceBase0.Z + Compensation[nCount,3] + nBoxH

CASE 7
XpTarget1 = XpPlaceBase0
XpTarget1.X = XpPlaceBase0.X + nBoxL + Compensation[nCount,1]
XpTarget1.Y = XpPlaceBase0.Y + nBoxL + Compensation[nCount,2]
XpTarget1.Z = XpPlaceBase0.Z + nBoxH + Compensation[nCount,3]

CASE 8
XpTarget1 = XpPlaceBase90
XpTarget1.X = XpPlaceBase90.X + Compensation[nCount,1]
XpTarget1.Y = XpPlaceBase90.Y + Compensation[nCount,2] - nBoxW
XpTarget1.Z = XpPlaceBase90.Z + Compensation[nCount,3] + nBoxH

CASE 9
XpTarget1 = XpPlaceBase90
XpTarget1.X = XpPlaceBase90.X + nBoxW + Compensation[nCount,1]
XpTarget1.Y = XpPlaceBase90.Y - nBoxW + Compensation[nCount,2]
XpTarget1.Z = XpPlaceBase90.Z + nBoxH + Compensation[nCount,3]

CASE 10
XpTarget1 = XpPlaceBase90
XpTarget1.X = XpPlaceBase90.X + 2*nBoxW + Compensation[nCount,1]
XpTarget1.Y = XpPlaceBase90.Y - nBoxW + Compensation[nCount,2]
XpTarget1.Z = XpPlaceBase90.Z + nBoxH + Compensation[nCount,3]

CASE 11
XpTarget1 = XpPlaceBase0

```
XpTarget1.X = XpPlaceBase0.X + Compensation[nCount,1]
XpTarget1.Y = XpPlaceBase0.Y + Compensation[nCount,2]
XpTarget1.Z = XpPlaceBase0.Z + 2*nBoxH + Compensation[nCount,3]

CASE 12
XpTarget1 = XpPlaceBase0
XpTarget1.X = XpPlaceBase0.X + nBoxL + Compensation[nCount,1]
XpTarget1.Y = XpPlaceBase0.Y + Compensation[nCount,2]
XpTarget1.Z = XpPlaceBase0.Z + 2*nBoxH + Compensation[nCount,3]

CASE 13
XpTarget1 = XpPlaceBase90
XpTarget1.X = XpPlaceBase90.X + Compensation[nCount,1]
XpTarget1.Y = XpPlaceBase90.Y + Compensation[nCount,2]
XpTarget1.Z = XpPlaceBase90.Z + 2*nBoxH + Compensation[nCount,3]

CASE 14
XpTarget1 = XpPlaceBase90
XpTarget1.X = XpPlaceBase90.X + nBoxW + Compensation[nCount,1]
XpTarget1.Y = XpPlaceBase90.Y + Compensation[nCount,2]
XpTarget1.Z = XpPlaceBase90.Z + 2*nBoxH + Compensation[nCount,3]

CASE 15
XpTarget1 = XpPlaceBase90
XpTarget1.X = XpPlaceBase90.X + 2*nBoxW + Compensation[nCount,1]
XpTarget1.Y = XpPlaceBase90.Y + Compensation[nCount,2]
XpTarget1.Z = XpPlaceBase90.Z + 2*nBoxH + Compensation[nCount,3]
ENDSWITCH
RETURN (XpTarget1)
```
; 计算出放置位置后，将此位置数据返还，在其他程序中调用此功能后则算出当前所需的摆放位置数据
```
ENDFCT
```

9.3.3.8　码垛计数程序 PlaceRD.src

```
DEF PlaceRD( )
INI
SWITCH nPalletNo
```
; 利用 TEST 判断执行哪侧码垛计数
```
CASE 1
```
; 若为 1，则执行左侧码垛计数
```
    nCount_L = nCount_L + 1
```
; 左侧计数 nCount_L 加 1
```
    IF nCount_L > 15 THEN
      bPalletFull_L = TRUE
      nCount_L = 1
    ENDIF
```
; 判断左侧码盘是否已满载，本案例中码盘上面只摆放 15 个产品，则当计数数值大于 15，则视为满载，输出左侧码盘满载信号，将左侧满载布尔量置为 TRUE，并复位计数数据 nCount_L
```
CASE 2
```
; 若为 2，则执行右侧码垛计数
```
    nCount_R = nCount_R + 1
```

```
; 右侧计数 nCount_L 加 1
    IF nCount_R > 15 THEN
        bPalletFull_R = TRUE
        nCount_R = 1
    ENDIF
```
; 判断右侧码盘是否已满载，本案例中码盘上面只摆放 15 个产品，则当计数数值大于 15，则视为满载，
输出右侧码盘满载信号，将右侧满载布尔量置为 TRUE，并复位计数数据 nCount_R
```
    ENDSWITCH
    END
```

9.3.3.9 检查 HOME 位程序 CheckHomePos.src

```
DEF CheckHomePos ( )
INI
IF $IN_HOME == FALSE THEN
    ; 判断机器人是否在 HOME 位
    XpActualPos = $POS_ACT
    ; 读取当前位置，并赋值给目标点 XpActualPos
    PTP pActualPos Vel=100 % PDAT2 Tool[1]:tGripper Base[0]
    ; 移动到当前点
    XpActualPos.Z = XpActualPos.Z + 800
    ; 当前点 Z 方向提高 800mm，此数值根据现场实际情况设置
    LIN pActualPos Vel=2 m/s CPDAT1 Tool[1]:tGripper Base[0]
    ; 移动到提高后的点
    PTP HOME  Vel=100 % PDAT5 Tool[1]:Gripper Base[0]
    ; 移动到 HOME 位
ENDIF
END
```